中小学人工智能教育丛书

Swift大探险家

陈民仙 主编

李晨啸 编著

ZHEJIANG UNIVERSITY PRESS

浙江大学出版社

·杭州·

图书在版编目（CIP）数据

Swift大探险家 / 陈民仙主编；李晨啸编著. —杭州：浙江大学出版社, 2023.11
ISBN 978-7-308-24410-7

Ⅰ. ①S… Ⅱ. ①陈… ②李… Ⅲ. ①程序语言—程序设计 Ⅳ. ①TP312

中国国家版本馆CIP数据核字（2023）第217152号

swift 大探险家
陈民仙　主编　李晨啸　编著

责任编辑　殷晓彤
文字编辑　张凌静
责任校对　蔡晓欢
封面设计　周　灵
出版发行　浙江大学出版社
（杭州市天目山路148号　邮政编码310007）
（网址：http://www.zjupress.com）
排　　版　浙江大千时代文化传媒有限公司
印　　刷　杭州宏雅印刷有限公司
开　　本　710mm×1000mm　1/16
印　　张　8.75
字　　数　150千
版 印 次　2023年11月第1版　2023年11月第1次印刷
书　　号　ISBN 978-7-308-24410-7
定　　价　68.00元

《中小学人工智能教育丛书》编委会

前言

在一颗遥远的星球上，存在着一个名为“算云之境”（Codea）的国度。这里的居民有一个共同的特点，那就是热爱编程。他们以编程为乐，以编程为职，以编程为生活方式，构建了一个科技繁荣的社会。主人公艾达就是这个国度的一员，正准备踏上一段奇妙的编程之旅。这是一段关于探索、学习、创新的旅程，我们邀请你与艾达一起，开启一场精彩而富有挑战性的冒险。

这是一段对编程世界的探索之旅，一段与Swift编程语言共舞的旅程。Swift这种现代化的编程语言兼具强大的性能与优雅的语法，是我们的魔法工具，也是我们的武器。在这里，我们将一起探讨计算机的起源、硬件和软件的组成、算法的原理、传感器的工作方式、应用设计的艺术，甚至是人工智能（artificial intelligence，AI）的奥秘。我们将一起跨越知识的边界，挑战自我，享受编程带来的那份快乐和成就感。

在这段旅程中，我们不仅要学习编程，而且要学习设计思维。设计思维，是一种探索问题、发现解决方案的方式，它可以帮助我们理解问题，寻找最佳解决方案。我们将一起学习利用设计思维来分析问题、生成创新的解决方案，并将这些解决方案转化为现实。同时，我们也要承担起科技向善的责任。在这个科技日新月异的时代，我们要用技术去改变世界，解决现实世界中的问题，创造更加美好的未来。我们要学会将科技与道德、科技与社会责任紧密结合，用我们的知识和技能去影响世界，实现科技的价值。

这是一段旅程，既是一段关于编程的旅程，也是一段关于我们自身的旅程，同时也是一个挑战。在这段旅程中，我们将一起成长，一起学习，一起创新，一起开创未来。

因此，让我们一起开始吧。让我们一起握紧手中的魔法工具，踏上这段令人激动的编程之旅，去探索未知，去挑战自我，去创造可能。让我们一起用编程的力量，去点亮科技的未来，去影响我们的世界。让我们一起，跟随艾达走进编程的世界，走进算云之境；让我们一起，创造属于我们自己的编程故事。

目 录

第四篇　未来科技的探索

附　录

第一篇

迈向科技的奇幻世界

在一个遥远的星球上，有一个名叫“算云之境”的国度。这个国度里住着一群特殊的居民——热爱编程的孩子们，而我们的主人公也在其中，名叫艾达。他们有一个神奇的武器——Swift 编程。现在，让我们跟随艾达一起踏上一段神奇的编程探险之旅吧！

第1章　计算机的起源与发展

计算机已成为我们生活中不可或缺的一部分，但你也许不知道，它的发明其实跨越了千年的历史。

1.1　从算盘到超级计算机：一段跨越千年的奇迹

有一天，一位古代数学家坐在他的小屋子里，手中拿着一个古老的工具——算盘。他盯着算盘上的珠子，心生疑惑：是否有一种更快、更高效的方式来做数学计算呢？他想出了一种新的数学计算方式，让计算变得更快、更准确。后来，数学家们发明了一种计算机，它能够执行重复的任务，甚至是复杂的运算。这就是计算机的起源。

从古代的算盘到今天的超级计算机，其发展是一段跨越千年的奇迹。在这段历史中，人们发明了计算机，并对其不断改进，使得计算机的功能越来越强大。

现在，我们使用的计算机已经可以轻松处理复杂的问题，而且已经成为我们生活和工作中不可或缺的一部分。而这一切，得益于一些传奇的计算机巨匠。

你可能听说过苹果公司的史蒂夫·乔布斯（Steve Jobs）和微软公司的比尔·盖茨（Bill Gates），他们都是计算机界的传奇人物。史蒂夫·乔布斯被誉为计算机行业的天才，他的设计理念和创新思维为苹果公司带来了巨大的成功；而比尔·盖茨则是计算机编程语言基础设施方面的专家，他开创了微软公司，并带领它成为世界上最大的软件公司之一。

此外，如果你想深入了解计算机的起源和发展，就必须了解艾伦·图灵（Alan Turing）。艾伦·图灵是20世纪最重要的计算机科学家之一。他发明了图灵机，这是一种虚拟计算设备，奠定了现代计算科学的理论基础。他的思想和成果不仅改变了计算机科学的历史，还对数学和哲学产生了深远的影响。

1.2 计算机巨匠的传奇故事：艾伦·图灵、比尔·盖茨与史蒂夫·乔布斯

1.2.1 艾伦·图灵——“计算机科学之父”

艾伦·图灵的发明能力让计算机这个刚刚诞生的领域迈上了一个新的台阶。

他设计了一台叫作“图灵机”的机器，这是一种通用计算机，可以执行其他任何计算机能够执行的任务。然而，这项发明并没有及时得到重视。直到二战期间，图灵的数学天赋被英国政府发现，他们请他帮忙破解纳粹德国的通信加密系统。图灵和他的团队破译了德国海军的“恩尼格玛”密码，为盟军的胜利立下了汗马功劳。

尽管图灵被公认为二战中最重要的盟军士兵之一，但他在后来的生活中遭受了不幸和打击。因为他是同性恋，英国政府指控他犯有“道德罪行”，并判处他接受荷尔蒙治疗，导致他最终选择自尽。但在他逝世后不久，人们终于认识到他的价值。最终，艾伦·图灵被誉为“计算机科学之父”，他的工作为我们今天计算机产业的发展铺平了道路。

对于今天的学生而言，艾伦·图灵的故事很有启发性：即使在最困难的时候，我们也不要放弃自己，尽力去发挥我们的才能和激情，因为这些才是真正属于我们的财富。

现在，我们可以使用 Swift 编程语言来控制计算机完成各种任务。Swift 是一种易学易用的编程语言，由苹果公司开发推出。使用 Swift 编程，可以让我们编写代码的过程变得更加简单、更加高效。

1.2.2 比尔·盖茨与史蒂夫·乔布斯

20 世纪 70 年代，计算机硬件得到了快速发展和普及。1971 年，英特尔（Intel）公司发布了世界上第一款商用微处理器，而这一发明彻底改变了计算机产业的面貌。微处理器是一种集成电路芯片，可用来实现计算机的多种功能。同时，它还使计算机变得更加小型化和便携化。

在这个时期，一位年轻人开始了自己的计算机创业之旅，他就是比尔·盖茨。1975 年，比尔·盖茨和保罗·艾伦合作创建了微软公司，随后他们开发了一些计算机软件，其中最为成功的产品便是 MS-DOS 操作系统。

而在同一时间，一位名叫史蒂夫·乔布斯的年轻人在美国加利福尼亚州开始了自己的计算机创业之旅。他和另一位年轻人史蒂夫·沃兹尼亚克（Steve Wazniak）一起创立了苹果公司。他们最初的产品是苹果 I 个人电脑，随后苹果公司发布了苹果Ⅱ、Macintosh 等一系列经典产品。这些产品极大地推动了个人电脑的普及和发展。

这些计算机巨匠的故事，不仅让我们看到了他们的才华和创造力，而且让我们意识到计算机科学是一门综合性的学科，需要硬件、软件和创新思维的结合。

1.3 上手编程

在本书中，我们将使用 Swift 编程语言来学习编程。Swift 是由苹果公司开发的一种现代编程语言，用于开发 iOS、macOS 和 watchOS 等系统上的应用程序（App）。它易于学习和使用，并且提供了许多有用的工具和功能，因而成为一种流行的编程语言。

为了让读者更好地学习 Swift，我们将使用 Swift Playgrounds 作为默认的编程环境。Swift Playgrounds 是一个可以在 Mac 或 iPad 中运行的交互式编程环境，它可以帮助读者更加轻松地学习和理解 Swift 的各种概念与特性。

如图 1.1 所示，打开 Swift Playgrounds，我们可以看到一个白色背景的空白屏幕。在这里，我们可以尝试输入简单的代码，然后点击“运行”按钮来查看代码的执行结果。

图1.1 Swift Playgrounds

（图片来源于苹果官网：https://www.apple.com/swift/playgrounds/）

现在，我们来试试使用 Swift 编写第一个程序。打开你的 Swift Playgrounds，然后输入下面的代码：

```
print("Hello, world!")
```

接着，点击“运行我的代码”按钮，你就可以在控制台上看到“Hello， world!”（见图 1.2）。是不是很酷？

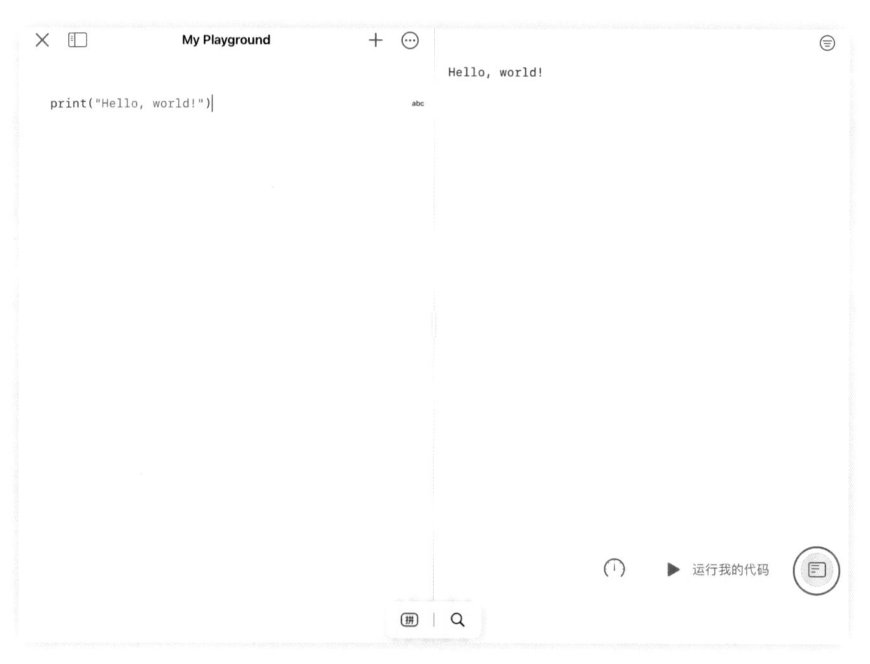

图1.2　运行代码

让我们再举个例子。在下面的代码块中，我们将定义一个变量，名称为“myName”，并将其赋值为“艾达”。然后，我们将使用 print() 函数来将该变量的值输出到屏幕上（见图 1.3）。

```
var myName = "艾达"
print("我的名字是:\(myName)")
```

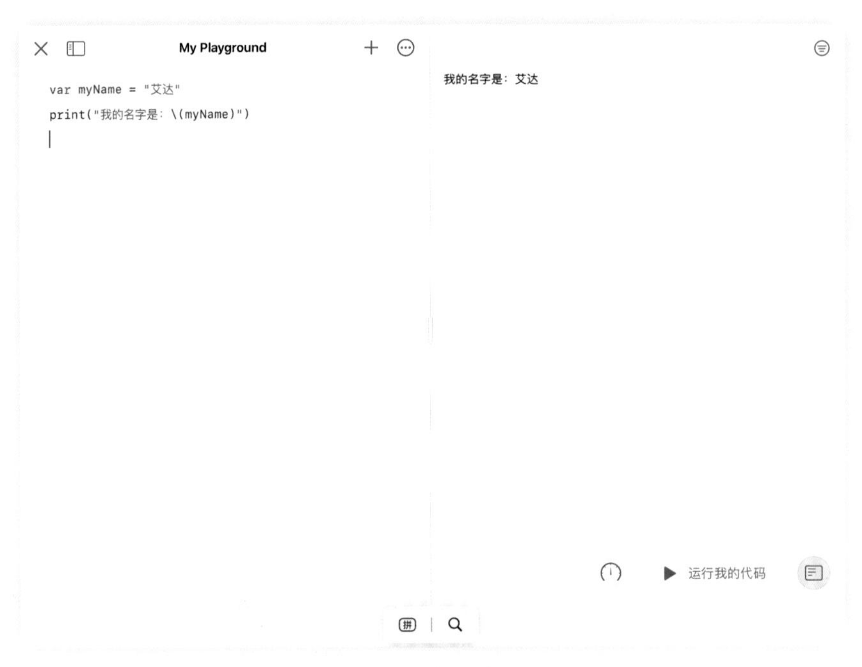
My Playground
var myName = "艾达"
print("我的名字是：\(myName)")
我的名字是：艾达
运行我的代码

图1.3 输出结果

第2章　硬件与软件的魔法组合

计算机是一个由硬件和软件组成的魔法盒子。硬件，如同它的骨架和肌肉，构建了它的实体形象；而软件，则像是操纵这个形象的灵魂，让它充满活力。现在，我们将揭开这个魔法盒子的神秘面纱，深入了解它是如何满足人类的各种需求，如何在这个数字化的世界中起舞的。

在这个探索的过程中，我们的向导是算云之境的小伙伴艾达。艾达是一个充满好奇心的孩子，对计算机有着无尽的疑问。而在算云之境里，有一群特别的人，他们是计算机大师。这些计算机大师并非普通意义上的人类，他们是算云之境的超级 AI 集合体。他们是一代又一代的计算机科学家的智慧结晶，是不断探索、学习、创新的结果。他们拥有深邃的智慧、无尽的知识，他们是算云之境的精神象征，也是算云之境对计算机科学进步的最高致敬。

就让我们跟随艾达，一起向这些超级 AI 计算机大师提问，探索计算机的神奇之处吧。

2.1 硬件的奥秘： CPU、GPU、RAM与ROM的家族趣事

计算机由硬件和软件两部分组成。硬件是计算机的物理部分，例如主板、处理器、内存、硬盘，等等；而软件则是计算机的程序和数据，例如编程语言和应用程序。

硬件和软件之间有什么关系呢?它们是如何协同工作的?

硬件提供计算机运行所需的物理支持，而软件则利用硬件来实现各种功能。例如，当你使用应用程序时，软件会指挥硬件执行各种操作。

我想了解更多关于硬件和软件的奥秘。

那就让我们一起来看看吧。

2.2 CPU：计算机的大脑

你瞧，这个黑色的方形芯片就是CPU，也称作中央处理器。它是计算机的大脑，负责执行所有的计算任务。

我之前看过电影《黑客帝国》，它是不是就像电影里的那个计算机程序一样，可以思考和决策？

很遗憾，它只是一种能够执行指令的芯片。不过，CPU的速度非常快，可以在几纳秒内完成一个简单的指令。

那为什么现在的CPU速度越来越快呢？

随着科技的进步，我们拥有了更高效、更优化的制造工艺，可以制造出更加先进的芯片。同时，我们也在不断地改进和优化CPU的设计和结构，以提高它的性能。

2.3 GPU：图形的魔法师

你看，这块带有散热器的芯片就是GPU，也称作图形处理器。它专门负责处理图像和视频，让我们看到更加逼真的图像和流畅的视频。

那为什么CPU不能处理图像和视频呢?

CPU的结构和设计主要针对的是通用计算任务，而不是图像和视频处理；而GPU则具有数千个小处理单元，可以同时处理多个图像和视频任务，因此在图像和视频方面的处理能力要比CPU强。实际上，GPU最早是为了满足游戏玩家的需求而诞生的。游戏中需要处理大量的图形和动画，而当时的CPU并不能很好地处理这些任务，因此游戏开发者们就开始使用GPU来处理图形和动画，从而让游戏更加流畅和逼真。

原来GPU这么神奇啊!

2.4 RAM与ROM：存储的魔法

除了CPU和GPU，存储器也是计算机非常重要的组成部分。我们常说的内存，就是指随机存取存储器，也称为RAM。它主要负责存储计算机运行时需要的数据和程序。

那计算机关机后，数据和程序不就没有了吗?

没错，RAM的特点是它的存储内容是临时的，关机后数据和程序会被清空。不过，我们还有一种只读存储器，称为ROM。它的存储内容是不可修改的，可以在计算机启动时加载系统程序和一些基本的数据。

那我们平时用的U盘和硬盘是不是也属于存储器呢?

没错，U盘和硬盘是外部存储器，也称作辅助存储器。它们可以存储更多的数据和程序，并且不会因为关机而丢失。

2.5 操作系统：计算机的管理者

除了硬件部分，操作系统也是计算机非常重要的组成部分。它是计算机的管理者，负责管理计算机的硬件和软件资源。

那操作系统和软件有什么不同呢?

软件是指应用程序，比如游戏、办公软件等，而操作系统是为了让软件能够运行而存在的。操作系统不仅可以管理计算机的资源，还可以提供一些基本的服务，比如文件管理、网络连接等。

2.6 编程语言：让计算机听懂我们的语言

那怎样才能让计算机执行我们想要完成的任务呢?

这就需要用到编程语言了，它是计算机的语言，通过编写程序来告诉计算机要执行哪些任务。编程语言是一种用来编写计算机程序的语言，包括一系列的规则和语法，使程序员可以按照规定的方式编写出计算机可以理解和执行的程序。

2.7　软件“三剑客”：操作系统、编程语言与应用程序

那么，我们怎样才能让硬件和软件合作起来呢？

很好的问题!我们需要一个能够让硬件和软件相互协作的桥梁——操作系统。

操作系统是什么？

操作系统就像是电脑的大管家，可以协调计算机硬件和软件之间的关系。它有多种功能，例如管理内存、控制进程、连接外部设备等。常见的操作系统有Windows、macOS和Linux。

听起来很神奇!那么，我们怎样才能和操作系统打交道呢？

通常我们使用编程语言来与操作系统交互。程序员可以使用编程语言来开发软件、网站等。

编程语言有哪些呢？

编程语言有很多种，例如C、Java、Python、JavaScript、Swift等。每一种编程语言都有自己的特点和优缺点，程序员需要根据具体的需求来选择合适的编程语言。

那么我们使用的Swift是一种什么样的编程语言呢?

Swift是由苹果公司开发的一种现代编程语言。它的语法简洁易懂，非常适合初学者入门学习。接下来，我们将学习使用Swift编程。

听起来很有趣!我们可以在哪里学习Swift编程呢?

我们可以使用Swift Playgrounds来学习Swift编程。Swift Playgrounds是一个交互式编程环境，可以在Mac或iPad中运行。它非常适合初学者入门，因为它提供了许多有用的工具和功能，能帮助我们更好地学习和理解Swift的各种概念和特性。

太棒了!我们现在就可以开始学习编程了!

第二篇

设计思维与 Swift入门

第3章　设计思维的五大法宝

在探险过程中，有一天，艾达发现自己被赋予了五个神奇的法宝。这些法宝能够帮助她解决各种问题，让世界变得更美好。这五个法宝分别是定义问题、挖掘需求、提出想法、实现原型、测试与迭代。接下来，让我们跟随艾达的脚步，一起去探索这五个法宝的神奇之处吧！

3.1　揭开问题的神秘面纱

艾达的第一个挑战来自一个名为诺顿的村庄。村里的居民们在每天劳作结束后，喜欢聚在一起聊天、娱乐。然而，他们的聚会总是受到一群蚊子的骚扰，很烦人。艾达想要帮助村民们解决这个问题，于是她使用了第一个法宝——定义问题。

【讨论思考】通过观察和提问，艾达发现了问题的关键所在——蚊子繁殖的湿地和村民们聚集的地方太近了。

【创 造 营】艾达与村民们一起撰写了一个详细的调查报告，并提出了改善的建议。

3.2　倾听用户心声

解决了蚊子的问题后，艾达继续她的旅程。她来到了布雷克城，这里的居民有一个共同的烦恼：公共交通总是拥堵不堪，让人很疲惫。艾达决定使用第二个法宝——挖掘需求。

【讨论思考】艾达通过访谈和问卷调查等方式，深入了解居民们对公共交通的需求和期望。

【创 造 营】经过与居民们讨论，艾达发现，他们最希望解决的问题是公交车的班次安排和站点设置不合理。

3.3 天马行空的创意时刻

为了解决布雷克城的交通问题，艾达启动了第三个法宝——提出想法。她邀请城市规划师、交通专家和居民代表一起开展头脑风暴。

【讨论思考】经过激烈的讨论，大家提出了许多创新的解决方案，包括优化公交线路、增加公交车班次、鼓励自行车和步行出行等。

【创 造 营】艾达把这些建议整理成一个详细的规划方案，准备提交给市政府。

3.4　构建梦想的桥梁

布雷克城的市长对艾达的规划方案非常满意，于是他批准了一项试点项目。为了让这个项目取得成功，艾达启动了第四个法宝——实现原型。

【讨论思考】艾达和专家团队一起制定了实施方案，包括重新规划部分公交线路、调整公交车班次、设置自行车车道等。同时，他们还着手设计了一款名为“绿色出行”的App，方便居民查询公交信息和获取出行建议。

【创 造 营】经过几个月的努力，试点项目取得了显著的成果。布雷克城公共交通的拥堵状况得到了明显改善，居民们也对这一变化表示满意。

3.5　完美的艺术

尽管试点项目取得了成功，但艾达知道，她的使命还没有完成。为了让方案更加完善，她启动了最后一个法宝——测试与迭代。

【讨论思考】艾达组织了一次大规模的满意度调查，收集了居民们对试点项目的意见和建议。她发现，虽然大部分居民对新的公共交通系统表示满意，但公共交通系统中仍有一些问题尚待解决。

【创 造 营】艾达将这些建议反馈给专家团队，他们一起对方案进行了细致的修改和优化。经过几轮迭代，最终形成了一个更为完善的解决方案。

在这次旅程中，艾达成功地运用了五大法宝，帮助两个城市解决了棘手的问题。她的故事激发了我们深入思考设计思维的力量，并教会了我们如何运用这些方法去改善我们的生活。当你面临问题时，不妨像艾达一样，尝试运用这五大法宝去寻找解决方案吧！

在艾达的一系列神奇冒险故事中，我们可以看到“设计思维”如何发挥作用。设计思维是一种将人类需求、技术可能性和商业可行性结合起来的创新方法。它注重用户体验、迭代升级和多元化思考。现在，让我们回顾一下艾达的故事，总结设计思维的精髓，并探讨如何将设计思维应用到我们的日常生活中。

（1）定义问题：在诺顿村庄的蚊子问题中，艾达首先通过观察和提问，明确了问题的关键。设计思维要求我们深入了解问题背后的原因，从而为后续解决方案打下基础。

生活应用：当我们碰到问题时，应该先深入了解问题的本质，而不是匆忙寻求答案。这有助于我们在解决问题时找到正确的方向。

（2）挖掘需求：在布雷克城的交通问题中，艾达通过访谈和问卷调查，了解居民的需求。设计思维强调站在用户的角度，关注他们的需求和期望。

生活应用：在解决问题时，我们应该倾听他人的意见和需求，这有助于我们找到更符合实际情况的解决方案。

（3）提出想法：在寻找交通问题解决方案时，艾达组织了一次头脑风暴。设计思维鼓励我们进行创新思考，不拘泥于既定观念。

生活应用：当我们面临问题时，不妨尝试多角度思考，通过头脑风暴等方式，激发创新灵感。

（4）实现原型：在试点项目中，艾达与专家团队共同制定实施方案，并开发了 App“绿色出行”。设计思维强调将想法付诸实践，通过原型验证方案的可行性。

生活应用：我们应该勇于实践，将自己的想法付诸实践，通过实践去检验和优化我们的方案。

（5）测试与迭代：在项目实施过程中，艾达对方案进行了多次迭代升级。设计思维强调通过测试和反馈，不断优化方案，使其更加完善。

生活应用：在解决问题的过程中，我们应该随时准备接受反馈，勇于改进，以达到更好的效果。

艾达的故事向我们展示了设计思维的五个关键步骤：定义问题、挖掘需求、提出想法、实现原型、测试与迭代。在这个过程中，设计思维强调以用户为中心，充分挖掘需求，进行创新性思考，并通过实践和反馈不断完善方案。

在我们的日常生活中，设计思维同样可以发挥重要作用。无论是解决学习、工作还是生活中的问题，我们都可以运用设计思维的方法。以下是一些建议，可以帮助我们更好地应用设计思维。

（1）培养同理心：尽量站在他人的角度，了解他们的需求和感受，这有助于我们更好地理解问题，找到更合适的解决方案。

（2）勇于尝试：不要害怕失败，勇于实践自己的想法。通过实践，我们可以发现问题，不断优化方案。

（3）保持开放和好奇心：在面对问题时，要保持开放的心态，愿意尝试不同的方法；保持好奇心，不断学习和成长。

（4）注重团队合作：设计思维强调跨学科合作，鼓励团队成员分享知识和经验。在解决问题时，要注重团队合作，充分发挥每个人的优势。

（5）持续改进：设计思维要求我们不断追求完善。在实践过程中，我们要勇于接受反馈，不断改进和优化方案。

通过艾达的故事及以上建议，我们可以更好地理解设计思维的精髓，并将其应用到生活中。让我们一起发挥设计思维的力量，创造更美好的未来！

3.6 设计思维工作坊：用意大利面学习设计思维

【游戏比拼】意大利面高塔

道具： 20 根生意大利面条、棉花糖、棉线、胶带、剪刀、纸、笔。

形式： 个人或小组间竞争。

目标与规则： 将棉花糖放置在尽可能高的地方，最高者获胜。棉花糖不可用棉线或胶带强行绑定，或是直接插在意大利面条上。

限时： 10 分钟。

在巴别塔故事中，人们企图修建一座通天塔，直达云天之境。而我们现在同样需要修建一座高塔，只不过用的是生的意大利面条。生的意大利面条看似脆弱，然而通过巧妙的设计，我们能否用生的意大利面条修建一座高塔，让棉花糖立于高处呢？

提示： 我们可以选择先在纸上构想出草图（见图 3.1），然后进行搭建；或是先进行头脑风暴，后上手搭建。我们可以天马行空，选择任何能想到的结构搭建。

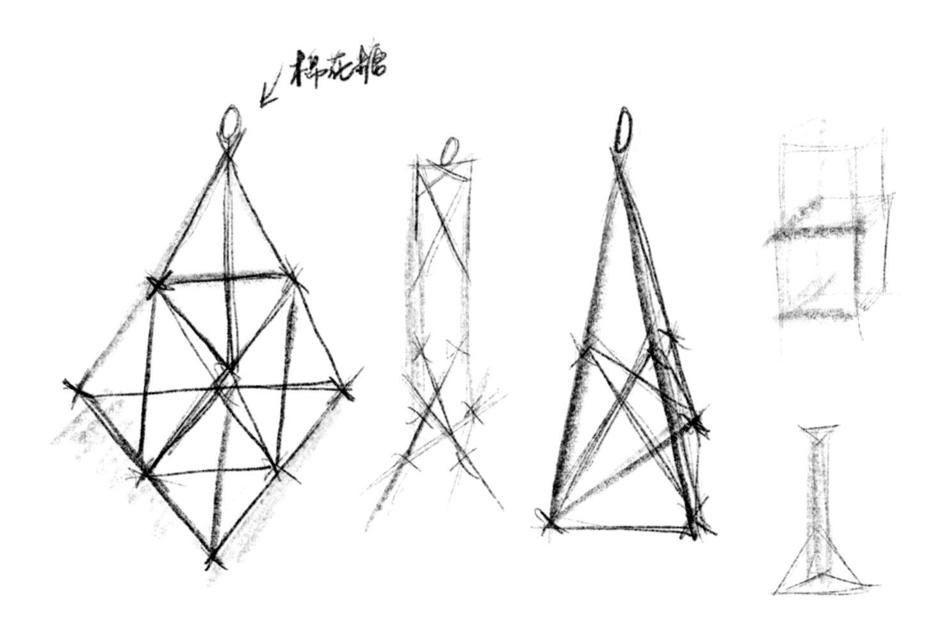

图3.1 草图

【交流与讨论】

看看谁获胜了，使用了怎样的方案？未获胜的，问题出在哪里？是沟通的问题、设计的问题、动手的问题，还是时间的把握出了问题？

大家都用了怎样的创意？为什么？最后成效如何？

其实在进行意大利面高塔的游戏时，我们都经历了一次“头脑风暴”的过程。虽然时间有限，我们还是综合考虑了各种设想，并从其中选择了一组“最为可靠”的设想，进入了后续的设计与动手实践的过程。我们有着明确的目标，即将棉花糖送至高处。

定义问题，提出目标，以及天马行空的设想，都是设计思维中不可或缺的。

【游戏比拼】意大利面高塔的第二轮尝试

在对第一轮全面分析总结后，进行第二轮 PK。

【交流与讨论】

看看谁获胜了，使用了怎样的方案？比第一轮结果有何改进？

大多数情况下，随着我们不断地交流与尝试，成效会有阶跃性的提升。我们将这一过程称作“试错”或“迭代”。同样这也是设计思维中的重要环节。往往在这一环节，我们会反复打磨粗糙的半成品，让其慢慢靠近最后的成品。这些用于思路探索与想法验证的半成品，我们称之为“原型（prototype）”。

【思考与讨论】想一想，生活中，或是你所了解的各行各业的工作中，什么地方需要用到原型，其作用是什么？想一想各类设计（服装设计、建筑设计、互联网应用设计）行业中，其原型都是怎样的，原型与成品之间的关系是怎样的？

第4章　Swift编程入门

4.1　变量、常量与数据类型：编程的乐高积木

在算云之境的第一个挑战中，艾达需要用 Swift 编程来搭建一个独一无二的乐高城堡。为了完成这个任务，他们需要学会使用变量、常量和数据类型。

【讨　　论】变量和常量就像乐高积木一样，是构建程序的基本元素。在Swift中，我们用var来声明变量，用let来声明常量。数据类型则是变量和常量的属性，比如整数（int）、浮点数（double）、字符串（string）等。

【上手编程】现在，让我们试着用Swift声明一个变量和一个常量。

```
var castleHeight = 100
let castleName = “Codea Castle”
```

【实　　验】在Swift Playgrounds中，尝试修改变量castleHeight的值，观察运行结果。（注意，常量castleName的值是不可以修改的。）

4.2 控制结构与循环：指挥家的魔棒

乐高城堡搭建好了，算云之境的艾达继续前进。接下来，他们需要用 Swift 编程指挥一场盛大的音乐会。为了完成这个任务，他们需要学会使用控制结构和循环。

【讨　　论】控制结构可以用来控制程序的执行流程。在Swift中，我们可以使用条件语句（如if、else）和循环语句（如for、while）来实现这一目标。

【上手编程】现在，让我们用Swift编写一个简单的控制结构，判断音符的高低，并循环演奏一段旋律。

```
let note = "C"

if note == "C" {
    print("Play the low note.")
} else {
    print("Play the high note.")
}

for _ in 1...4 {
    print("Play the melody.")
}
```

【实　　验】在Swift Playgrounds中，尝试修改note的值，并观察运行结果。同时，也可以尝试修改循环次数，看看演奏的旋律会发生什么变化。

4.3 函数与模块：团队协作的战略

音乐会顺利举行，艾达收获了满满的掌声。然而，他们的探险还没有结束。接下来，艾达需要用 Swift 编程来应对一个更大的挑战——拯救被邪恶巫师囚禁的小精灵。为了完成这个任务，艾达需要学会使用函数和模块。

【讨　　论】函数就像是我们编程世界的战略，它可以将复杂的任务分解成一个个简单的步骤。在Swift Playgrounds中，我们用func关键字来声明一个函数。模块则是将相关的函数和数据组织在一起，方便我们进行团队协作。

【上手编程】现在，让我们用Swift编写一个函数，计算两点之间的距离，以便艾达找到被囚禁的小精灵。

```
func calculateDistance(x1: Double, y1: Double, x2: Double,
y2: Double) -> Double {
    let deltaX = x2 - x1
    let deltaY = y2 - y1
    return sqrt(deltaX * deltaX + deltaY * deltaY)
}

let distance = calculateDistance(x1: 1.0, y1: 2.0, x2: 4.0,
y2: 6.0)
print("The distance is \(distance)")
```

注意，因为我们需要用到 Foundation 库中的 sqrt() 函数，所以我们在代码最上方需要加上：

```
import Foundation
```

【实　　验】在Swift Playgrounds中，尝试修改两点的坐标，计算不同点之间的距离。同时，可以尝试编写其他有趣的函数，例如，计算圆的面积或者矩形的周长等。

在这次神奇的探险中，艾达学会了 Swift 编程的基本知识，包括变量、常量与数据类型、控制结构与循环，以及函数与模块。通过应用这些知识，他们成功地完成了一系列挑战，搭建了乐高城堡、举办了音乐会，甚至拯救了被囚禁的小精灵。

在我们的现实世界中，学会 Swift 编程也可以带给我们无限可能。通过掌握这些基本概念，我们可以编写各种有趣的程序，创造属于自己的神奇世界。

艾达经过一系列 Swift 编程的冒险后，信心满满地继续前行。然而，他们面临的挑战也愈发艰巨。这次，艾达需要探索神秘的算法之谜，挖掘其中隐藏的宝藏。那么，让我们跟随艾达和算云之境的伙伴们，一起踏上这段神奇的算法探险之旅吧！

第5章　算法原理与应用

5.1　算法简介：解决问题的神奇公式

在算云之境的第一个算法挑战中，艾达需要找到一张藏匿在迷宫深处的地图。为了完成这个任务，艾达需要学会什么是算法以及如何运用算法来解决问题。

【讨　　论】算法是解决一系列问题的步骤。算法就像神奇的公式一样，可以帮助我们更高效地完成任务。在编程世界里，算法因为决定了程序的执行效率，所以非常重要。

5.2　排序与搜索：走进算法的迷宫

艾达和算云之境的小伙伴们找到地图后，继续前进。接下来，他们需要用算法来解锁通往宝藏的大门。为了完成这个任务，他们需要学会排序算法与搜索算法。

【讨　　论】排序算法可以帮助我们将一组数据按照特定的顺序进行排列，如升序或降序。在Swift Playgrounds中，我们可以使用sort()函数对数组进行排序。搜索算法则可以帮助我们在数据中查找特定的元素，如二分查找等。

【上手编程】现在，让我们用Swift实现一个简单的排序算法，将一组数字按照升序排列（见图5.1）。

```
var numbers = [5, 3, 8, 1, 6]

numbers.sort()
print("Sorted numbers: \(numbers)")
```

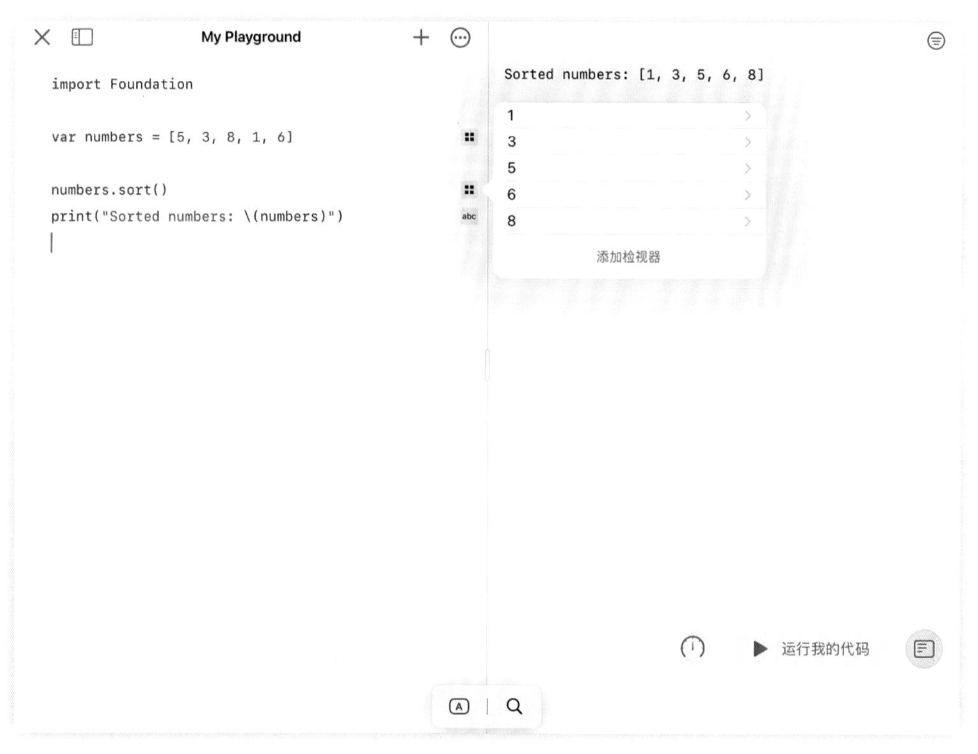

图5.1 数字升序排列

【实 验】在Swift Playgrounds中，尝试对不同的数据进行排序，并观察运行结果。同时，也可以尝试实现一个简单的搜索算法，如顺序查找。

5.3 分治与递归：解决复杂问题的智慧

成功解锁大门后，艾达终于来到了宝藏所在地。然而，他们发现宝藏被一个复杂的密码锁保护着。为了解锁密码，他们需要学会分治算法与递归算法。

【讨　　论】分治算法是将一个复杂问题分解成若干个较简单的子问题，然后逐一解决。

递归算法则是通过函数自我调用的方式，解决问题的同类子问题。

在编程世界里，分治算法与递归算法是非常强大的，它们可以帮助我们解决许多看似复杂的问题。

【上手编程】现在，让我们用Swift实现一个简单的递归算法，计算斐波那契数列的第n项（见图5.2）。

```
func fibonacci(_ n: Int) -> Int {
    if n <= 1 {
        return n
    } else {
        return fibonacci(n - 1) + fibonacci(n - 2)
    }
}

let n = 6
let fib = fibonacci(n)
print(“The \(n)th Fibonacci number is: \(fib)”)
```

My Playground

```
func fibonacci(_ n: Int) -> Int {
    if n <= 1 {
        return n
    } else {
        return fibonacci(n - 1) +
         fibonacci(n - 2)
    }
}

let n = 6
let fib = fibonacci(n)
print("The \(n)th Fibonacci number is:
 \(fib)")
```

```
The 6th Fibonacci number is: 8
```

运行我的代码

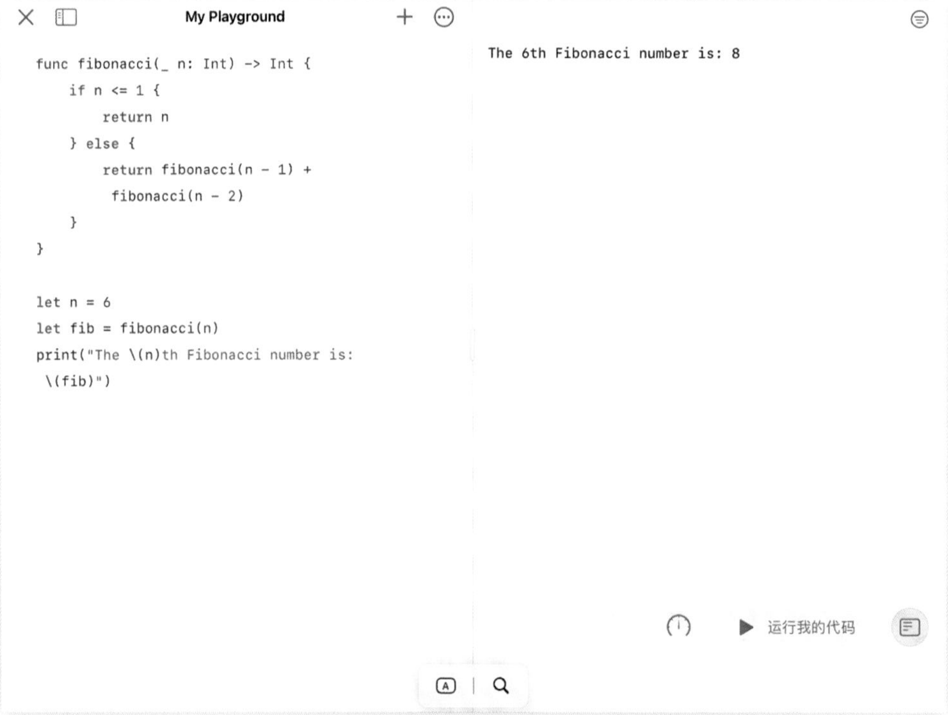

图5.2　计算斐波那契数列的第n项

【实　　验】在Swift Playgrounds中，尝试计算斐波那契数列的其他项，并观察运行结果。同时，也可以尝试实现其他分治算法与递归算法，如归并排序等。

在这次神奇的探险中，艾达和算云之境的小伙伴们学会了算法原理与应用，包括算法简介、排序与搜索，以及分治与递归。通过应用这些知识，他们成功地完成了一系列挑战，找到了地图，解锁了通往宝藏的大门，甚至破解了复杂的密码锁。

在我们的现实世界中，学会算法原理与应用同样可以带给我们无限可能。通过掌握这些基本概念，我们可以编写更高效的程序，解决更复杂的问题，创造属于自己的神奇世界。

第三篇

编程世界的新挑战

第6章　传感器与物联网

我们将进入一个全新的领域——传感器与物联网。在这个奇妙的世界里，我们将学会利用传感器与物联网技术感知世界，点亮生活。

6.1　传感器简介：感知世界的神奇触角

在算云之境的新冒险中，艾达和小伙伴需要通过收集环境信息来应对一系列挑战。为了完成这个任务，他们需要学会什么是传感器以及如何运用传感器来感知世界。

【讨　　论】传感器是一种能够检测并响应外部环境变化的设备，它们可以将物理现象转换为可读的信号。在我们的日常生活中，传感器无处不在，可以帮助我们实时了解环境变化，从而做出更好的决策。

6.2　创造智能家居：点亮生活的科技星光

在算云之境的下一个冒险中，他们将利用传感器与物联网技术创造智能家居。这些智能家居可以根据人们的需求自动调节环境，为生活带来便利与舒适。

【讨　　论】物联网是指通过网络将各种物体互联互通的一种技术。在智能家居中，传感器与物联网技术的结合可以使家居设备更加智能化，实现远程控制、自动调节等功能。

【上手编程】现在，让我们用Swift编写一个简单的温度控制程序，并用来模拟智能家居中的温控系统（见图6.1）。

```
func temperatureControl(targetTemperature: Double,
currentTemperature: Double) {
    let diff = targetTemperature - currentTemperature

    if diff > 0 {
        print("Heating system activated. Warming up the
room...")
    } else if diff < 0 {
        print("Cooling system activated. Cooling down the
room...")
    } else {
        print("The room temperature is just right. No action
needed.")
    }
}

let targetTemperature = 25.0
let currentTemperature = 22.0
temperatureControl(targetTemperature: targetTemperature,
currentTemperature: currentTemperature)
```

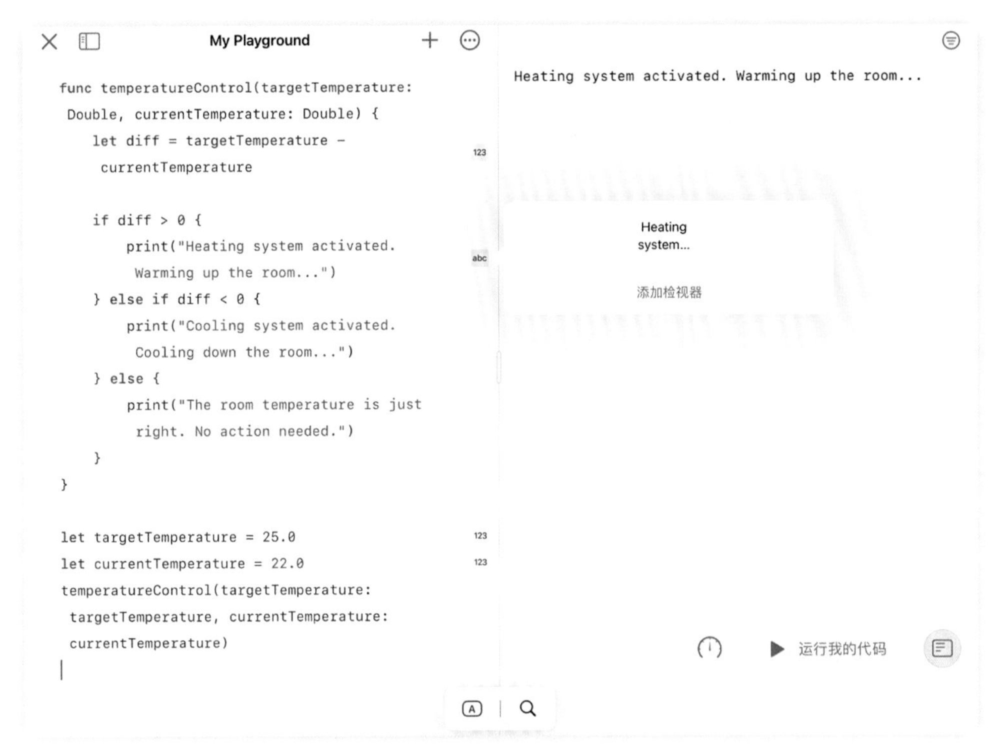

图6.1　模拟智能家居中的温控系统

【实　　验】在Swift Playgrounds中，尝试修改目标温度和当前温度的值，观察程序如何根据温度差异来调节温控系统。同时，可以尝试编写其他智能家居控制程序，如灯光控制、自动窗帘等。

在这段传感器与物联网的冒险中，艾达与小伙伴们学会了如何利用传感器来感知世界，以及如何运用物联网技术创造智能家居。他们成功完成了一系列挑战，收集了环境信息，创造了便利、舒适的智能家居环境。

在现实世界中，传感器与物联网技术的应用同样无处不在。它们的结合可以让我们的生活变得更智能、更环保和更高效。我们可以利用这些技术来监测环境变化，自动调节家居设备，甚至实现远程控制。那么，让我们一起踏上这段传感器与物联网的奇妙旅程吧！

6.3 构建你的智能家居项目

现在轮到你来展示创造力啦！结合学到的知识，设计一个属于你自己的智能家居项目。你可以从以下几个方面入手。

（1）确定你的智能家居项目的目标：想一想，你希望通过这个项目解决什么问题，如何改善人们的生活。

（2）选择合适的传感器：根据你的项目目标，选择合适的传感器来收集环境信息。例如，如果你希望实现自动调节室内温度，那么你可能需要一个温度传感器。

（3）设计物联网架构：思考一下，如何利用物联网技术将传感器、控制器和执行器连接在一起，实现自动化控制。

（4）编写代码：用 Swift 编写你的智能家居项目的控制程序，并在 Swift Playgrounds 中进行测试。

（5）跟你的朋友分享你的项目成果：向你的朋友展示你的智能家居项目，让他们了解你是如何运用传感器与物联网技术改变生活的。

在这个创造营中，你将有机会把所学的知识付诸实践，发挥自己的想象力，创造出属于你的智能家居项目。相信你一定能够用这些神奇的技术给生活带来更多的便利与乐趣！

第7章　应用设计与开发

经过一系列的冒险和挑战，艾达和算云之境的小伙伴们已经掌握了许多知识和技能。现在，他们将踏上一个更为激动人心的旅程——应用设计与开发。在这个过程中，他们将探索用户体验的奥秘，并创建自己的App，拥有实现梦想的舞台。

7.1 用户体验：探索应用设计的奥秘

在算云之境的新冒险中，他们需要设计并开发一个 App 来帮助居民解决日常生活中的问题。为了完成这个任务，他们需要学会什么是用户体验，以及如何优化用户体验。

【讨　　论】用户体验（user experience，UX），指用户在使用产品或服务过程中的感受和体验。提供优秀的用户体验是应用设计与开发中非常重要的一环，它可以让用户更愿意使用我们的产品，从而提高产品的成功率。

【创 造 营】让我们一起动手设计一个App，用来帮助算云之境的居民查询天气。在设计这个App时，请务必关注以下几点。

（1）确定你的App的目标：思考一下，你希望通过这个App解决什么问题，如何帮助用户更方便地了解天气信息。

（2）设计用户界面：在设计用户界面时，要注意美观与实用性的平衡。考虑如何让界面既美观又易于操作。

（3）考虑用户体验：在设计过程中，时刻关注用户的需求。例如，考虑如何让用户用尽量少的操作步骤完成查询天气的任务。

7.2 创建自己的App：拥有实现梦想的舞台

在探索了用户体验的奥秘后，算云之境的小伙伴们着手创建他们的 App。他们将运用所学的设计思维、编程知识以及传感器与物联网技术，创造出一个能够解决实际问题的 App。

这次我们需要选择创建一个新的 App（见图 7.1 和图 7.2）。

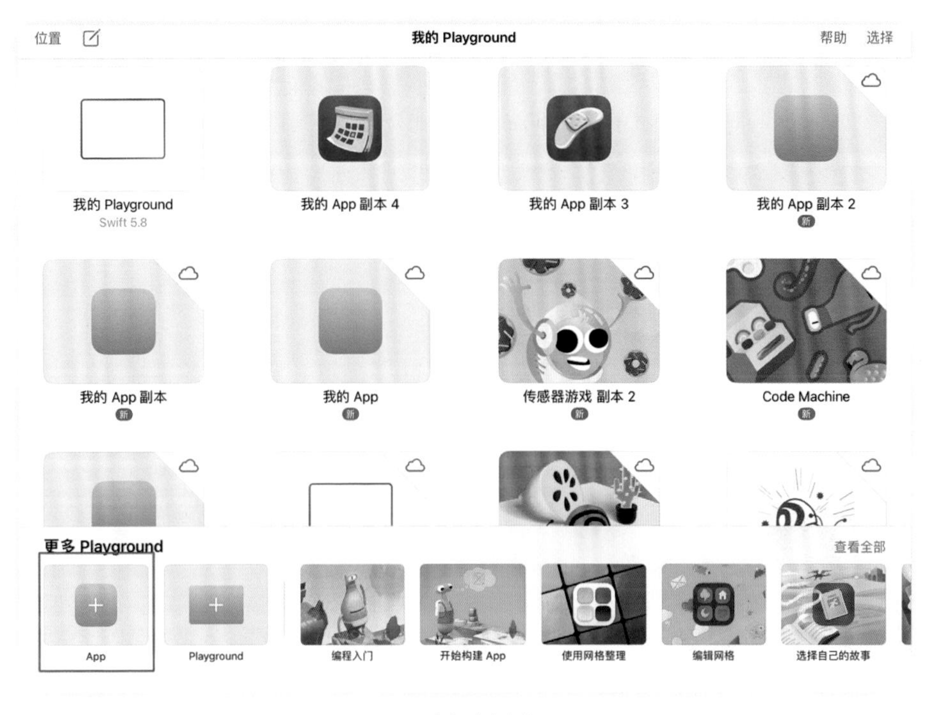

图7.1　选择创建新App

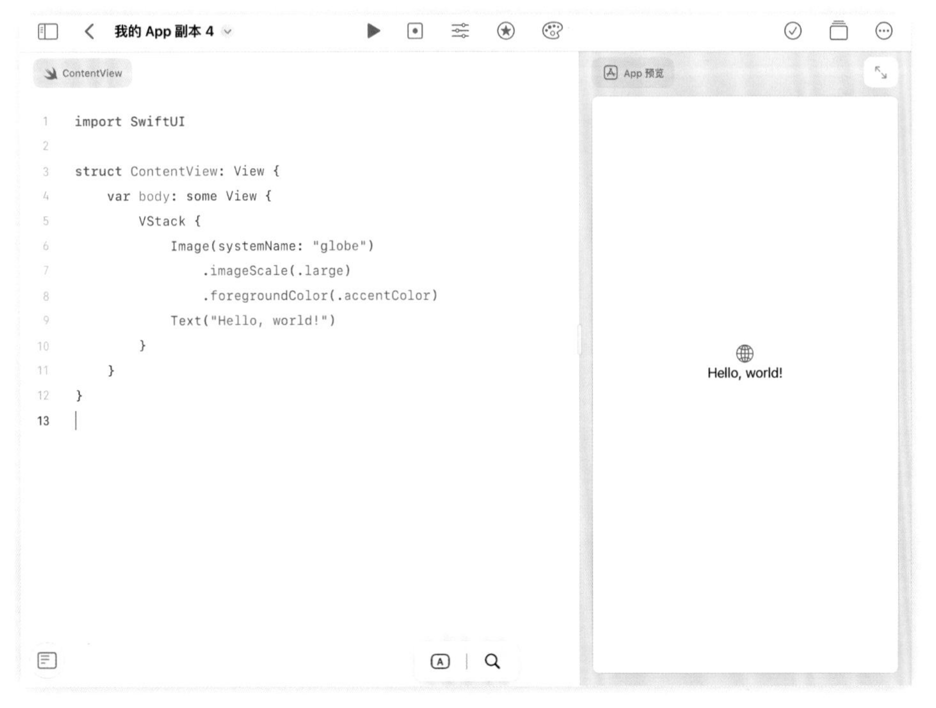

图7.2　创建新App

第三篇　编程世界的新挑战

Swift Playgrounds 会默认帮我创建一个 SwiftUI 的基本代码结构。别着急，我会一行一行解释。

```
import SwiftUI
```

这一行代码是在引用 SwiftUI 框架。这是苹果公司的一套用户界面工具套件，它允许开发者使用 Swift 语言以声明式的方式构建用户界面。

```
struct ContentView: View {
}
```

这里定义一个名为“ContentView”的结构体。这个结构体遵循了“View”协议。在 SwiftUI 中，几乎所有的界面元素都是“View”。“View”协议有一个要求，就是必须有一个“body”属性，这个属性会返回一个“View”。

```
var body: some View {
}
```

这里定义了“body”属性。“some View”是一个返回遵循“View”协议的类型的属性。在这个属性里，你会返回你想在屏幕上显示的视图。

```
VStack {
}
```

“VStack”是一个垂直堆栈视图，它会将其内部的视图垂直排列。

```
Image(systemName: "globe")
```

这一行创建了一个系统图像视图，使用的系统图像名字是“globe”。

```
.imageScale(.large)
```

这一行设置图像的大小为大。这是一个修改器（modifier），它可以修改或者装饰一个视图。

```
.foregroundColor(.accentColor)
```

这行代码将图像的前景颜色设置为当前主题的强调颜色。`.foregroundColor`是另一个修改器。

```
Text("Hello, world!")
```

这一行创建了一个文本视图，显示的内容是“Hello, world!”。

总的来说，这段代码创建了一个视图“ContentView”。在这个视图中，有一个垂直堆栈“VStack”，堆栈中有两个元素：一个前景色为强调色的大图像和一个显示“Hello, world!”的文本。

【上手编程】现在，让我们用Swift编写一个简单的天气查询App。我们将使用一个示例API来获取天气数据，并在用户界面上展示这些数据。

首先，我们需要获取天气数据。在这个示例中，我们将使用一个简单的JSON文件作为数据源。你可以在实际项目中使用合适的API来获取实时天气数据。

```
import Foundation

let weatherDataURL = URL(string: “https://example.com/
weather.json”)!
let weatherData = try! Data(contentsOf: weatherDataURL)
let weatherJSON = try! JSONSerialization.jsonObject(with:
weatherData, options: []) as! [String: Any]

func getWeatherData(for city: String) → (temperature:
Double, weatherDescription: String)? {
if let cityWeatherData = weatherJSON[city] as? [String:
Any],
let temperature = cityWeatherData[“temperature”] as? Double,
let weatherDescription = cityWeatherData[“weatherDescripti
on”] as? String {
return (temperature, weatherDescription)
}
return nil
}
```

接下来，我们需要设计用户界面。在这个示例中，我们先创建一个简单的文本输入框，让用户输入城市名称，然后显示查询到的天气信息。

```
import SwiftUI

struct WeatherAppView: View {
    @State private var cityName = “”
    @State private var weatherData: (temperature: Double,
weatherDescription: String)?
```

```
    var body: some View {
        VStack {
            TextField("Enter city name", text: $cityName)
                .padding()
            Button(action: {
                weatherData = getWeatherData(for: cityName)
            }) {
                Text("Get Weather")
            }
            .padding()
            if let weatherData = weatherData {
                Text("Temperature: \(weatherData.
temperature)°C")
                Text("Description: \(weatherData.
weatherDescription)")
            } else {
                Text("No data available")
            }
        }
    }
}

struct WeatherAppView_Previews: PreviewProvider {
    static var previews: some View {
        WeatherAppView()
    }
}
```

在这个过程中，艾达一行人学会了如何关注用户体验，最终设计并开发出一个实用的 App。他们发现，开发一个优秀的 App，不仅需要技术实力，还需要关注用户需求，考虑用户体验。从用户的角度出发，才能设计出让人满意的产品。

【讨　　论】在现实生活中，我们也可以运用这些知识来设计并开发出实用的App，解决实际问题。不论是学习、工作，还是生活中的琐事，App都可以为我们带来极大的便利。

【创 造 营】你已经学会如何设计并开发一个App了！现在，请动手设计一个属于你自己的App吧！你可以从以下几个方面入手。

（1）确定你的App的目标：想一想，你希望通过这个App解决什么问题，如何改善人们的生活。

（2）设计用户界面：在设计用户界面时，要注意美观与实用性的平衡。考虑如何让界面既美观又易于操作。

（3）考虑用户体验：在设计过程中，时刻关注用户的需求。例如，考虑如何让用户用尽量少的操作步骤完成任务。

（4）编写代码：用Swift编写你的App，并在Swift Playgrounds中进行测试。

希望你在这个创造营中能够充分发挥自己的创意，将所学知识与技能融入 App 的设计与开发，为人们的生活带来更多的便利和乐趣。

经过一段时间的努力，艾达和算云之境的小伙伴们终于完成了他们的 App。他们在 App 创建的过程中充分运用了所学的知识，关注用户体验，设计出了许多实用且美观的应用程序。这些 App 不仅用于查询天气，还有学习工具、生活管理、社交互动等多种功能，为算云之境的居民带来了极大的便利。

在这个过程中，他们学会了关注用户需求、充分发挥自己的创意，以及如何将所学知识融入实际应用。他们也认识到，创建优秀的 App，不仅需要技术实力，还需要关注用户体验，这样才能创造出真正有价值的产品。

这次冒险让艾达一行人受益匪浅。他们克服了种种困难，学会了新技能，最终创建出了让人眼前一亮的 App。在这个过程中，他们懂得了团队协作的重要性，发掘了自己的潜力，也学会了如何将所学知识运用到实际生活中。

随着 App 成功发布，算云之境的小伙伴们也迎来了新生活。他们的探险之旅将继续进行，新的挑战和冒险仍在等待着他们；而他们的故事，也将激励更多的人去勇敢追求梦想、探索知识的无限可能。

小 结

在这个故事中，我们跟随艾达和算云之境的小伙伴一起学习了设计思维、Swift 编程、算法原理、传感器与物联网、应用设计与开发等诸多知识。我们看到了他们如何运用所学知识和技能，克服困难，创造出令人耳目一新的作品。

学习是一段既充满挑战又充满乐趣的探险之旅。只要我们勇敢面对困难，不断探索，就能不断地进步，实现梦想。

接下来，开始你自己的探险之旅吧！勇敢地去追求梦想，探索知识的无限可能，成为更优秀的自己。

在未来的日子里，你可以运用所学的知识和技能，设计并开发出更多实用的 App，为人们的生活带来更多便利。也许你会成为一名出色的程序员、产品设计师或创业家。无论你的梦想是什么，都要相信自己，去努力，勇敢地去追求，去实现梦想。记住，知识的力量是无穷的，而你的潜力也是无限的。

当你遇到困难时，不要气馁，要勇敢地面对挑战，像艾达他们一样，积极地寻求帮助，与他人共同解决问题；要学会团队协作，相信自己和他人的能力，共同创造更加美好的未来。

最后，祝愿你在探险之旅中取得丰硕的成果。让我们一起为创造更美好的世界而努力，让知识的光芒照耀每一个角落。

第8章　面向对象编程

自从艾达他们成功开发出了各种实用的 App 之后，他们开始对编程的世界充满了好奇。这一天，算云之境的导师决定引导他们进入面向对象编程的奇妙世界，让他们了解类与对象、继承与多态等重要概念。

8.1　类与对象：编程世界的基因密码

导师首先向艾达介绍了类与对象的概念。在面向对象编程中，类就像是编程世界的基因密码，是一种抽象的模板，用于描述具有相同特性和行为的一组对象。而对象则是类的具体实例，就像是基因密码生成的生物个体一样。

【思考与讨论】：思考一下，现实生活中有哪些事物可以用类和对象来表示?

导师用一个简单的例子向艾达解释了类与对象的关系。他用 Swift 代码创建了一个“Dog”类，表示狗这种动物。在“Dog”类中，定义了属性如“name”（名字）和“age”（年龄），以及方法如“bark”（叫）和“fetch”（接球）。

```
class Dog {
    var name: String
    var age: Int

    init(name: String, age: Int) {
        self.name = name
        self.age = age
    }

    func bark() {
        print("\(name) is barking!")
    }

    func fetch() {
        print("\(name) is fetching the ball!")
    }
}
```

随后，导师向艾达展示了如何使用这个“Dog”类创建具体的狗。他创建了一只名叫“Buddy”的狗，并让它叫了起来。

```
let buddy = Dog(name: "Buddy", age: 3)
buddy.bark() // 输出:Buddy is barking!
```

【上手编程】 请尝试创建一个表示现实生活中事物的类，并创建一个该类的对象。

8.2 继承与多态：优雅的编程芭蕾

接下来，导师向艾达介绍了继承与多态的概念。继承是一种让类之间建立层次关系的方法，子类可以继承父类的属性和方法，同时还可以添加自己独特的属性和方法。多态则是一种让对象在不同的场合表现出不同行为的能力。

【思考与讨论】 现实生活中有哪些事物的关系可以用继承来表示?

导师给艾达举了一个例子，他创建了一个表示猫科动物的“Feline”类，包含了共有的属性和方法，如“name”（名字）、“age”（年龄）、“purr”（发出咕噜声）和“hunt”（捕猎）。

```
class Feline {
    var name: String
    var age: Int

    init(name: String, age: Int) {
        self.name = name
        self.age = age
    }

    func purr() {
        print(“\(name) is purring!”)
    }

    func hunt() {
        print(“\(name) is hunting!”)
    }
}
```

接着，导师创建了一个名为“Lion”的子类，继承自“Feline”类。在这个子类中，他重写了父类的“hunt”方法，使得狮子在捕猎时表现出不同的行为。

```
class Lion: Feline {
    override func hunt() {
        print("\(name) is hunting in the savanna!")
    }
}
```

艾达一行人在导师的指导下，在Swift Playgrounds中创建了一个名为“Tiger”的子类，并尝试让老虎展现出独特的捕猎行为。

【上手编程】请尝试创建一个继承自现实生活中事物类的子类，并重写父类的一个方法，实现多态。

在探索继承与多态的过程中，算云之境的小伙伴们对面向对象编程有了更深入的理解。他们明白了如何通过类和对象组织代码，让程序更加灵活且可扩展。这些知识让他们在编程的道路上走得更加从容与自信。

小 结

通过本章的学习，艾达掌握了面向对象编程的重要概念，如类与对象、继承与多态。他们学会了如何用这些概念解决现实生活中的问题，并在Swift Playgrounds中动手编写代码，进行实际操作。

作为编程世界的一种重要编程范式，面向对象编程将帮助艾达他们更好地理解软件开发的本质，为他们未来的学习和实践打下坚实的基础。

期待艾达和算云之境的小伙伴们在编程道路上取得更加辉煌的成就！

8.3 面向对象在App开发中的案例

在算云之境，有一个受欢迎的 App 叫作“CodeaPets”，它允许用户照顾和互动各种虚拟宠物。艾达和小伙伴们利用学到的面向对象编程知识，将 App 中的各种宠物、道具以及互动行为都抽象为类与对象，形成了一个有趣且具有扩展性的虚拟宠物世界。

8.3.1 基类：宠物（Pet）

首先，他们定义了一个基类“Pet”，用于表示所有类型的宠物。这个类包含了一些通用属性，如“name”（名字）、“age”（年龄）和“health”（健康值），以及一些通用的方法，如“feed”（喂食）和“play”（玩耍）。

```
class Pet {
    var name: String
    var age: Int
    var health: Int

    init(name: String, age: Int) {
        self.name = name
        self.age = age
        self.health = 100
    }

    func feed() {
        health += 10
        print("\(name) is eating and its health increased by
10.")
    }
```

```
    func play() {
        health -= 5
        print("\(name) is playing and its health decreased by 5.")
    }
}
```

8.3.2 子类：猫（Cat）和狗（Dog）

接着，他们根据不同类型的宠物创建了不同的子类，例如“Cat”（猫）和“Dog”（狗）。这些子类继承自“Pet”基类，并重写或添加一些特定的属性和方法。例如，“Cat”类中添加了一个独特的方法“purr”（发出咕噜声）。

```
class Cat: Pet {
    func purr() {
        print("\(name) is purring!")
    }
}

class Dog: Pet {
    func bark() {
        print("\(name) is barking!")
    }
}
```

8.3.3 宠物互动：道具（Item）与互动行为（Interaction）

他们还设计了一个道具（Item）基类，表示用户可以购买并用于与宠物互动的各种道具。道具类包含了属性，如“name”（名字）和“price”（价格）等。

```
class Item {
    var name: String
    var price: Int

    init(name: String, price: Int) {
        self.name = name
        self.price = price
    }
}
```

为了让宠物之间具有更多的互动可能，他们定义了一个“Interaction”基类，用于表示各种互动行为。它包括了属性如发起“initiator”（宠物）和“receiver”（接收宠物），以及一个“performInteraction”（执行互动的方法）。

```
class Interaction {
    var initiator: Pet
    var receiver: Pet

    init(initiator: Pet, receiver: Pet) {
        self.initiator = initiator
                    self.receiver = receiver
            }

            func performInteraction() {
                print("Performing interaction between
\(initiator.name) and \(receiver.name).")
            }
}
```

接下来，他们根据不同的互动类型创建了一些子类，例如“PlayFetch”（玩接飞盘）和“Cuddle”（拥抱）。这些子类继承自“Interaction”基类，并重写了“performInteraction”方法，以实现具体的互动行为。

```
class PlayFetch: Interaction {
    override func performInteraction() {
        print("\(initiator.name) and \(receiver.name) are 
playing fetch!")
    }
}

class Cuddle: Interaction {
    override func performInteraction() {
        print("\(initiator.name) and \(receiver.name) are 
cuddling!")
    }
}
```

通过面向对象编程的方法，他们成功构建了一个具有丰富宠物类型、道具和互动行为的虚拟宠物世界。用户可以在 App“CodeaPets”中照顾自己的宠物，并和它互动，能感受到各种有趣的互动效果。

这个案例展示了面向对象编程在 App 开发中的应用。通过将现实世界中的事物抽象为类与对象，可以更好地组织和管理代码，使程序具有更高的灵活性和可扩展性。

8.3.4 Swift App 实现

为了将“CodeaPets”变成一个完整的 App，我们需要使用 SwiftUI 框架设计用户界面，再创建一个数据模型来管理宠物和道具，并为每个页面创建相应的视图。

8.3.5 数据模型

让我们创建一个“PetStore”类来管理宠物和道具。这个类将使用“ObservableObject”协议，以便在数据发生变化时更新视图。

```
import SwiftUI
import Combine

class PetStore: ObservableObject {
    @Published var pets: [Pet]
    @Published var items: [Item]

    init(pets: [Pet] = [], items: [Item] = []) {
        self.pets = pets
        self.items = items
    }
}
```

8.3.6 视 图

接下来，我们将创建以下视图来构建 App 的界面。

（1）宠物列表（PetListView）

（2）宠物详情（PetDetailView）

（3）道具商店（ItemStoreView）

（4）互动页面（InteractionView）

8.3.6.1 宠物列表（PetListView）

这个视图将展示用户拥有的所有宠物。

```
struct PetListView: View {
    @ObservedObject var petStore: PetStore
```

```
    var body: some View {
        NavigationView {
            List {
                ForEach(petStore.pets) { pet in
                    NavigationLink(destination:
PetDetailView(pet: pet, petStore: petStore)) {
                        Text(pet.name)
                    }
                }
            }
            .navigationBarTitle("My Pets")
            .navigationBarItems(trailing:
NavigationLink(destination: ItemStoreView(petStore:
petStore)) {
                Image(systemName: "cart")
            })
        }
    }
}
```

8.3.6.2 宠物详情（PetDetailView）

这个视图将展示宠物的详细信息和可用互动。

```
struct PetDetailView: View {
    var pet: Pet
    @ObservedObject var petStore: PetStore

    var body: some View {
        VStack {
```

```
            Text(pet.name)
                .font(.largeTitle)
                .padding(.top)

            Text("Health: \(pet.health)")
                .font(.headline)
                .padding(.top)

            Spacer()

            HStack {
                Button(action: {
                    pet.feed()
                }) {
                    Text("Feed")
                }
                .padding()

                Button(action: {
                    pet.play()
                }) {
                    Text("Play")
                }
                .padding()
            }

            NavigationLink(destination: InteractionView(pet:
pet, petStore: petStore)) {
                Text("Interact with other pets")
            }
            .padding()
```

```
            Spacer()
        }
        .navigationBarTitle(pet.name, displayMode: .inline)
    }
}
```

8.3.6.3 道具商店（ItemStoreView）

这个视图将展示用户可以购买的道具。

```
struct ItemStoreView: View {
    @ObservedObject var petStore: PetStore

    var body: some View {
        List {
            ForEach(petStore.items) { item in
                HStack {
                    Text(item.name)
                    Spacer()
                    Text("\(item.price) Coins")
                }
            }
        }
        .navigationBarTitle("Item Store")
    }
}
```

8.3.6.4　互动页面（InteractionView）

这个视图允许用户为当前宠物选择一个互动伙伴并开始互动。

```
struct InteractionView: View {
    var pet: Pet
    @ObservedObject var petStore: PetStore

    @State private var selectedPetIndex = 0

    var body: some View {
        VStack {
            Text("Choose a pet to interact with")
                .font(.headline)
                .padding(.top)

            Picker(selection: $selectedPetIndex, label:
Text("Choose a pet")) {
                ForEach(0 ..< petStore.pets.count) { index in
                    if petStore.pets[index].id != pet.id {
                        Text(petStore.pets[index].name).
tag(index)
                    }
                }
            }
            .padding()
            .pickerStyle(WheelPickerStyle())

            Spacer()

            Button(action: {
                let interaction = PlayFetch(initiator: pet,
receiver: petStore.pets[selectedPetIndex])
                interaction.performInteraction()
            }) {
```

```
                Text(“Play Fetch”)
            }
            .padding()

            Button(action: {
                let interaction = Cuddle(initiator: pet,
receiver: petStore.pets[selectedPetIndex])
                interaction.performInteraction()
            }) {
                Text(“Cuddle”)
            }
            .padding()

            Spacer()
        }
        .navigationBarTitle(“Interactions”, displayMode:
.inline)
    }
}
```

现在，我们已经完成了所有的视图，接下来需要创建 App 的入口点，并在“SceneDelegate”中设置“PetStore”实例。

```
class AppDelegate: UIResponder, UIApplicationDelegate {
    let petStore = PetStore(pets: [Pet(name: “Fluffy”),
Pet(name: “Buddy”)],
                            items: [Item(name: “Dog Food”,
price: 10), Item(name: “Cat Toy”, price: 5)])

    // ...
}
```

在“SceneDelegate”中设置“PetStore”实例：

```
class SceneDelegate: UIResponder, UIWindowSceneDelegate {
    var window: UIWindow?

    func scene(_ scene: UIScene, willConnectTo session:
UISceneSession, options connectionOptions: UIScene.
ConnectionOptions) {
        if let windowScene = scene as? UIWindowScene {
            let window = UIWindow(windowScene: windowScene)

            let appDelegate = UIApplication.shared.delegate
as! AppDelegate
            window.rootViewController =
UIHostingController(rootView: PetListView(petStore:
appDelegate.petStore))

            self.window = window
            window.makeKeyAndVisible()
        }
    }
}
```

现在，App“CodeaPets”已经完成并且可以在 iOS 设备上运行。用户可以查看和管理宠物，购买道具，并让宠物与其他宠物互动。通过使用 SwiftUI 和面向对象编程，我们成功构建了一个功能丰富、易于维护和扩展的 App。

第四篇

未来科技的探索

第9章　人工智能与机器学习

在算云之境的边陲地带，探险家们发现了一座被遗忘的神秘图书馆。这座图书馆里藏有关于人工智能与机器学习的无尽知识。通过学习这些知识，算云之境的居民可以让他们的 App 更加智能。

9.1　AI简史：从图灵测试到AlphaGo的震撼

在这座神秘的图书馆中，探险家们找到了一本古老的图书，记录了人工智能发展的历史。早在 20 世纪 50 年代，英国数学家艾伦·图灵就提出了一个问题："机器能思考吗？"这一问题引发了人工智能的相关研究。从图灵测试到深蓝击败国际象棋世界冠军，再到 AlphaGo 震撼世界，人工智能的发展历程令人惊叹。

【思考与讨论】（1）你认为图灵测试对于评估人工智能来说有效性如何？为什么？

（2）在生活中，你遇到过哪些应用了人工智能技术的产品或服务？请列举几项，并讨论它们的优缺点。

9.2 机器学习的奥秘：神经网络与深度学习

算云之境的居民们通过阅读图书馆中的相关图书，学习了神经网络与深度学习的奥秘。神经网络是一种模拟人脑神经元连接的计算模型，可以进行自主学习。深度学习则是神经网络的一个分支，通过多层神经网络，可以完成更复杂的学习任务。

【上手编程】

案例 1：感知器算法

让我们从最简单的神经网络模型开始学习感知器。感知器可以用来实现线性分类。

```
import Foundation

struct Perceptron {
    var weights: [Double]
    var learningRate: Double

    init(inputSize: Int, learningRate: Double) {
        self.weights = Array(repeating: 0.0, count:
inputSize)
        self.learningRate = learningRate
    }

    mutating func train(inputs: [[Double]], labels: [Int],
epochs: Int) {
        for _ in 0..<epochs {
            for (input, label) in zip(inputs, labels) {
                let prediction = predict(input: input)
```

```
                let error = Double(label) - prediction

                for (index, value) in input.enumerated() {
                    weights[index] += learningRate * error *
value
                }
            }
        }
    }

    func predict(input: [Double]) → Double {
        let sum = zip(input, weights).map(*).reduce(0, +)
                return sum > 0 ? 1.0 : 0.0
        }
}

// 示例:使用感知器实现简单的逻辑AND运算
let inputs = [
[0, 0],
[0, 1],
[1, 0],
[1, 1]
].map { $0.map(Double.init) }

let labels = [0, 0, 0, 1]

var perceptron = Perceptron(inputSize: 2, learningRate: 0.1)
perceptron.train(inputs: inputs, labels: labels, epochs:
100)

print("逻辑AND运算预测结果:")
for input in inputs {
```

```
print("(input): (perceptron.predict(input: input))")
}
```

【实　验】（1）尝试修改学习率和迭代次数，观察对训练效果的影响；

（2）使用感知器实现其他逻辑运算，例如OR和XOR。

案例 2：使用 Swift 的 Core ML 框架进行图像识别

Swift 中的 Core ML 框架可以帮助我们在 App 中轻松集成机器学习模型。在这个案例中，我们将使用一个预训练好的模型来实现图像识别。

首先，导入所需的库：

```
import SwiftUI
import CoreML
import Vision
import UIKit
```

然后，创建一个方法用于识别图像：

```
func classifyImage(_ image: UIImage) {
    // 将图像转换为CIImage
    guard let ciImage = CIImage(image: image) else {
        fatalError("无法将UIImage转换为CIImage")
    }

    // 创建一个处理图像的VNCoreMLModel对象
    guard let model = try? VNCoreMLModel(for: MobileNetV2().
model) else {
        fatalError("无法创建VNCoreMLModel")
    }

    // 创建一个图像处理请求
```

```
    let request = VNCoreMLRequest(model: model) { request,
error in
        if let error = error {
            print("图像处理请求失败:\(error)")
            return
        }

        if let results = request.results as?
[VNClassificationObservation] {
            print( "图像识别结果:" )
            for result in results.prefix(3) {
                print("\(result.identifier):\(result.
confidence)")
            }
        }
    }

    // 发送图像处理请求
    let handler = VNImageRequestHandler(ciImage: ciImage)
    do {
        try handler.perform([request])
    } catch {
        print("发送图像处理请求失败:\(error)")
    }
}
```

【实　验】（1）将这个方法集成到一个SwiftUI视图中，让用户选择一张图片进行识别；

（2）尝试使用其他预训练模型进行图像识别，例如ResNet50。

案例 3：使用 Create ML 训练一个文本分类模型

Create ML 是苹果提供的一个简单易用的机器学习工具，可以帮助我们快速训练模型。在这个案例中，我们将使用 Create ML 训练一个文本分类模型，用于对电影评论进行情感分析。

首先，准备训练数据。将电影评论及其情感标签（正面或负面）保存为 CSV 文件，格式如下：

```
text,label
“这部电影非常好看,值得一看。”,1
“剧情很糟糕,我觉得浪费时间。”,0
...
```

接下来，打开 Create ML 应用程序，选择”Text Classifier”模板。将 CSV 文件拖放到”Training Data”区域，Create ML 将自动开始训练。训练完成后，导出模型。

然后，在 Swift 项目中，导入所需的库：

```
import SwiftUI
import CoreML
import NaturalLanguage
```

最后，创建一个方法用于对文本进行情感分析：

```
func analyzeSentiment(of text: String) {
    // 创建一个处理文本的MLModel对象
    guard let model = try? MovieReviewSentimentClassifier(co
nfiguration: .init()).model else {
        fatalError(“无法创建MLModel”)
    }
```

```
    // 创建一个文本处理请求
    let request = NLModel.Request(text: text, model: model) {
request, error in
        if let error = error {
            print("文本处理请求失败:\(error)")
            return
        }

        if let result = request.result as? String {
            print("情感分析结果:\(result)")
        }
    }

    // 发送文本处理请求
    let handler = NLModel.RequestHandler()
    do {
        try handler.perform([request])
    } catch {
        print("发送文本处理请求失败:\(error)")
    }
}
```

【实　验】（1）将这个方法集成到一个SwiftUI视图中，让用户输入一段电影评论进行情感分析；

（2）尝试训练其他类型的文本分类模型，例如新闻文章分类。

通过学习这些知识，算云之境的居民们开始将人工智能与机器学习技术应用于他们的 App 中，使得 App 更加智能。在算云之境，人们与智能设备共同生活，开启了一个新的科技时代。

第10章　科技向善：编程改变世界

在算云之境，人们的生活日益依赖科技。在这个科技高度发达的国度中，人们开始思考如何用编程解决现实问题，让科技真正成为人类生活的助手。下面将带领大家一同探讨如何用编程改变世界。

10.1　用编程解决现实问题：梦想照进现实

艾达从小热爱编程，希望通过编程为世界带来改变。某天，艾达意识到她所居住的城市里交通问题日益严重，于是决定利用自己的编程技能来解决这个问题。

艾达开始开发一个 App，利用大数据分析实时路况信息，为用户提供最佳出行路线。这款 App 不仅可以帮助用户避开拥堵路段，还可以为城市的交通规划部门提供有价值的数据支持。

在这个过程中，艾达与其他志同道合的朋友们结成团队，共同开发这个 App。他们的梦想逐渐变成现实，这款 App 上线后受到了用户的热烈欢迎。

【思考与讨论】（1）在你生活的城市中，还有哪些问题可以通过编程来解决？

（2）如果你有一个解决现实问题的编程创意，请与你的朋友分享，看看能否将它变为现实。

（3）社会责任与道德伦理：科技的力量与智慧。

在算云之境，人们深知科技不仅能带来便利，还承载着社会责任与道德伦理。艾达和她的团队在开发 App 的过程中，始终关注并保护用户隐私，并确保信息安全。

为了更好地践行科技向善的理念，艾达和她的团队主动参与一些公益项目，例如支持教育事业、关爱弱势群体等。他们还积极加入各种编程社群，与其他编程爱好者分享经验，共同为科技向善贡献力量。

【创 造 营】（1）请以编程为主题，设计一个公益项目，以科技向善的精神为社会做出贡献。

（2）如何在保护用户隐私和确保信息安全的前提下，开发出有价值的App？

在这个数字化时代，保护用户隐私和确保信息安全尤为重要。艾达和她的团队深知这一点，所以他们在开发 App 时采取了以下策略。

（1）数据加密：为了确保用户数据的安全，艾达团队使用了先进的加密技术，对用户数据进行加密处理。

（2）严格控制权限：艾达团队严格控制 App 获取用户数据的权限，只在必要时才申请相应的权限。

（3）定期审计：艾达团队会定期审计 App 的安全性能，确保不存在潜在的安全隐患。

（4）隐私政策与用户协议：艾达团队制定了详细的隐私政策和用户协议，明确告知用户哪些数据会被收集，以及如何使用这些数据。

10.2　上手编程

请尝试使用 Swift Playgrounds 为你的 App 设计一个简单的用户隐私设置界面，

允许用户选择是否分享他们的位置信息。

通过上述故事，我们可以看到科技向善的力量是如何改变世界的。通过编程，我们可以解决现实问题，创造美好的未来。但同时，我们也需要关注社会责任与道德伦理，确保科技的发展真正造福人类。

在算云之境，艾达和她的团队用自己的智慧和技能为世界带来了改变。而在现实世界中，我们同样可以效仿他们，让编程成为改变世界的一股正能量。让我们一起勇敢地探索未来，用科技和智慧创造一个更加美好的世界！

第11章　AR——虚实结合的世界

在算云之境的探险中，艾达和她的团队发现了一种神奇的技术——AR（augmented reality，增强现实）。这种技术能够将虚拟世界与现实世界完美地融合在一起，为用户带来全新的体验。接下来，我们将跟随艾达一起探索 AR 的奥秘。

Reality Composer：链接虚实的建筑师

为了更好地理解 AR，艾达和她的团队开始学习使用 Reality Composer，这是一个为开发者提供的方便的 AR 创作工具。通过 Reality Composer，艾达能够快速地设计出美观的 AR 模型，并将其导入 Swift Playgrounds 中进行进一步的开发。

【上手编程】请尝试使用Reality Composer创建一个简单的AR模型（例如一个立方体），并将其导出为.usdz文件。

我的第一个 AR App

艾达决定开发一个简单的 AR 应用，让用户能够在现实空间中放置虚拟物品。首先她需要利用 ARKit 框架，构建一个能够识别现实世界环境的应用。

```
import SwiftUI
import ARKit
import RealityKit

struct ContentView: View {
    var body: some View {
        return ARViewContainer().edgesIgnoringSafeArea(.all)
    }
}

struct ARViewContainer: UIViewRepresentable {
    func makeUIView(context: Context) → ARView {
        let arView = ARView(frame: .zero)
        let arConfiguration = ARWorldTrackingConfiguration()
        arView.session.run(arConfiguration, options: [])
        return arView
    }

    func updateUIView(_ uiView: ARView, context: Context) {}
}
```

【实　　验】请尝试使用上面的代码，在Swift Playgrounds中创建一个可以显示AR内容的视图。

接下来，艾达需要将她之前使用 Reality Composer 创建的立方体模型添加到 AR 视图中。

```
func addModel(arView: ARView) {
    guard let model = try? ModelEntity.loadModel(named:
"MyCube.usdz") else {
        fatalError("Failed to load the model")
    }
    arView.scene.addAnchor(model)
}
```

【上手编程】 请将上述addModel函数添加到ARViewContainer类中，并在makeUIView函数中调用它。

AR 游戏

在学习了基本的 AR 技术之后，艾达和她的团队决定开发一款 AR 游戏。他们计划制作一个简单的射击游戏，在现实世界中出现虚拟的靶子，用户需要击中靶子以得分。

为了实现这个游戏，艾达需要让靶子在 AR 场景中随机出现。她创建了一个表示靶子的类，并为其添加了一个方法，用于在 AR 场景中随机生成位置。

```
class Target: Entity, HasModel {
    var targetModel: ModelEntity

    init(modelName: String) {
        guard let model = try? ModelEntity.loadModel(named:
```

```
modelName) else {
            fatalError("Failed to load the model")
        }
        self.targetModel = model
        super.init()
        self.components[ModelComponent] = model.
components[ModelComponent]
    }

    func randomizePosition(arView: ARView) {
        let x = Float.random(in: -1···1)
        let y = Float.random(in: 0···2)
        let z = Float.random(in: -1···1)
        self.position = [x, y, z]
        arView.scene.addAnchor(self)
    }
}
```

接下来，艾达需要监听用户的触摸事件。当用户触摸屏幕时，应用会判断触摸点是否在靶子上，并更新分数。

```
func handleTap(arView: ARView, location: CGPoint) {
    let results = arView.raycast(from: location, allowing:
.estimatedPlane, alignment: .any)
    guard let result = results.first else { return }

    if let target = arView.entity(at: result) as? Target {
        target.randomizePosition(arView: arView)
        updateScore()
    }
```

```
    }

    func updateScore() {
        // Update the score UI
    }
```

【上手编程】请将上述代码添加到你的项目中，并实现一个简单的AR射击游戏。

随着艾达和她的团队深入了解 AR，他们发现了一个全新的世界。通过将虚拟世界与现实世界完美融合，他们创造出了许多令人惊叹的 App，让算云之境变得更加美好。在你的编程之旅中，也许你同样能发掘出 AR 的无尽可能性，为现实世界带来更多的奇迹。

结　语：编程之旅的未来展望

此时此刻的创新者

随着艾达和她的朋友们在算云之境的冒险落下帷幕，一段充满智慧、勇气和奇迹的编程之旅即将翻开新的篇章。在这段旅程中，他们不仅收获了编程的知识和技能，还结识了志同道合的伙伴，共同编写了属于他们的精彩故事。

未来的算云之境将迎来更多的探索者，他们将跨越虚实的界限，探寻科技的深渊，用编程的力量改变世界。在这片充满梦想的土地上，每个人都能成为勇敢的探险家，用他们的智慧和才华编织出一个个璀璨的传奇。

无论是探索人工智能的奥秘，还是用 AR 技术为现实世界注入魔法，算云之境的居民将继续拓展科技的边界，让梦想照进现实。在这个充满无限可能的世界里，他们将一起书写更多的篇章，诠释科技向善的力量。

就在此刻，新的冒险家们怀揣着梦想与热情踏上了算云之境的土地，准备开启一段激动人心的编程之旅。在这段旅程的尽头，一个全新的科技乌托邦将会悄然崛起，那里有着人类从未想象过的壮丽景象，等待着我们去探索、去创造。而你，正是这场编程之旅中最重要的一位探险家。手握编程的力量，去书写属于你的传奇，让我们共同见证一个充满想象力的未来！

创业浪潮

自 20 世纪 50 年代以来发生的一系列重大技术变革改变了人们使用计算机的方式，也改变了人类社会的运作方式。这一系列技术革命的发生与创业浪潮密不可分。 在计算机革命的早期阶段，计算机主要被用于军事、科学研究和大型企业的数据处理，而对于个人用户来说，计算机仍然是价格高昂且难以接触的。随着计算机技术的发展，计算机变得更加便宜、更加小巧、更加易用，使得个人用户开始接触和使用计算机。 随着计算机技术的普及，创业公司越来越多，他们研发和生产软件、硬件、网络设备等产品，满足人们日益增长的计算机使用需求。这些创业公司中，有部分公司成功地打开了市场，并成为计算机领域的龙头企业，比如微软、苹果、谷歌等。 计算机革命的创业浪潮不仅给创业者带来了巨大的商机，还为消费者带来了更多的选择机会和更好的产品，对整个社会产生了深远的影响。计算机革命的创业浪潮，促进了计算机技术的进步和创新，带来了许多重要的发明和技术，比如个人电脑、图形用户界面、互联网、智能手机等。这些技术的普及和应用，改变了人们的工作方式和生活方式，使得信息更加容易传播和获取，使得人们的沟通和协作变得更加便捷。计算机革命的创业浪潮，也为数码经济的发展奠定了基础，催生许多新的商业模式，比如互联网金融、电子商务、社交媒体等。 移动互联网创业浪潮是指在移动互联网的发展过程中，许多创业者利用移动互联网技术，研发和推广许多新的产品和服务。 移动互联网的发展，为创业者提供了巨大的商机，也为消费者带来了更多的选择和便利。移动互联网创业浪潮的兴起，促进了移动互联网技术的发展和创新，并带来了许多重要的应用，比如移动支付、社交媒体、在线视频、电子商务等。移动互联网创业者在近几年的发展中，已经成为经济发展的重要力量。他们利用移动互联网技术，研发和推广许多新的产品和服务，满足人们对移动互联网日益增长的使用需求。这些创业者中，有一些成功地打开了市场，并成为移动互联网领域的龙头企业，比如滴滴、京东、支付宝等。这些企业的成功，为移动互联网创业者树立了榜样，也为经济发展做出了巨大的贡献。 然而，移动互联网创业也并非一帆风顺。这些创业者面临着许多挑战和问题，比如市场竞争、资本募集、人才缺乏等。在这些挑战和问题面前，这些创业者需要不断思考和努力，才能够成功应对挑战，解决问题。移动互联网创业者的成功，不仅为个人带来了巨大的成就感和财富，还为整个社会带来了巨大的经济价值和社会价值。在未来的发展中，移动互联网创业者仍将成为经济发展的重要力量，继续为社会做出巨大的贡献。

元宇宙降临

元宇宙（metaverse）是一种虚拟现实空间，它为用户提供了一种全新的体验和互动方式。在元宇宙中，用户可以通过计算机或移动设备进入一个虚拟世界，并通过自己的视觉和听觉感受来感知这个世界。元宇宙的概念最早是在虚拟现实和游戏领域提出的，但是近年来随着虚拟现实技术和网络技术的发展，元宇宙的应用领域也在不断扩大。目前，元宇宙已经成为许多企业和机构的重要营销工具，比如举办虚拟展览、虚拟培训、虚拟会议等。元宇宙也成为许多个人用户的娱乐和交流平台，比如虚拟游戏、虚拟社交、虚拟商务等平台。元宇宙的发展也带来了一些新的挑战和问题。在元宇宙中，用户的隐私和安全受到了威胁。同时，元宇宙中的内容管理成为一个棘手的问题，元宇宙的发展也受到了许多法律和政策的限制。尽管如此，元宇宙仍然具有巨大的潜力和机会。随着技术的不断发展，元宇宙的质量和体验感将得到更大的提升，使其成为更多领域的应用平台。在未来，元宇宙的发展也可能带来一些新的岗位、机会和模式，比如新的就业岗位、新的投资机会、新的商业模式等。同时，元宇宙也可能为社会带来新的挑战，比如隐私保护、内容管理、法律和政策的建立和执行等。总的来说，元宇宙是一个充满机会的新兴领域，在未来的发展中，它将继续成为科技和社会发展的重要力量。

人机共生的未来

在算云之境的未来，随着科技的飞速发展，人们将探索人工生命的奥秘。在早期的研究中，科学家们试图模仿生物体的构造和运作方式，创造出具有自主意识和自我进化能力的人工生命。这一领域的研究让人们对生命的本质有了全新的认识，也让他们开始重新审视人类和科技之间的关系。

在这个全新的时代，科技不再是人类的工具，而是与人类共同成长、共同进步的伙伴。人类与科技彼此互补、共生共存，共同为算云之境的繁荣和进步做出贡献。在这个和谐共生的世界里，人类可以借助科技的力量突破自身的局限，实现前所未有的壮丽梦想。

而在这个人机共生的未来，人工生命将拥有与人类一样的权利和责任。他们在这片土地上共同生活，互相尊重，为了共同的目标而努力。算云之境将成为一个充满爱与智慧、人机和谐共生的乌托邦。

在这片土地上，人类将与机器生命共同创造出一个更加美好的未来。他们将携手共进，探索宇宙的边际，开拓前所未有的科技领域，在充满无限可能的世界里，共同书写一个属于人类和人工生命的辉煌传奇。

让我们勇敢地踏上这段探索之旅，一起见证一个人机共生的未来，迎接一个充满希望与梦想的新时代！

编程探索案例合集

案例：倒计时器

我们先从已经完工了的代码开始学习。

```
import SwiftUI

struct CountdownView: View {
  @State private var secondsLeft = 60

  var body: some View {
    VStack {
      Text("\(secondsLeft) seconds left")
        .font(.largeTitle)

      Button(action: resetTimer) {
        Text("Reset timer")
      }
    }
    .onAppear(perform: startTimer)
  }

  private func startTimer() {
```

```
    Timer.scheduledTimer(withTimeInterval: 1, repeats: true)
{ timer in
      if self.secondsLeft > 0 {
        self.secondsLeft -= 1
      } else {
        timer.invalidate()
      }
    }
  }

  private func resetTimer() {
    secondsLeft = 60
  }
}
```

打开右侧的预览窗口便可以看到程序开始运行，60s倒计时随即开始（见图1）。

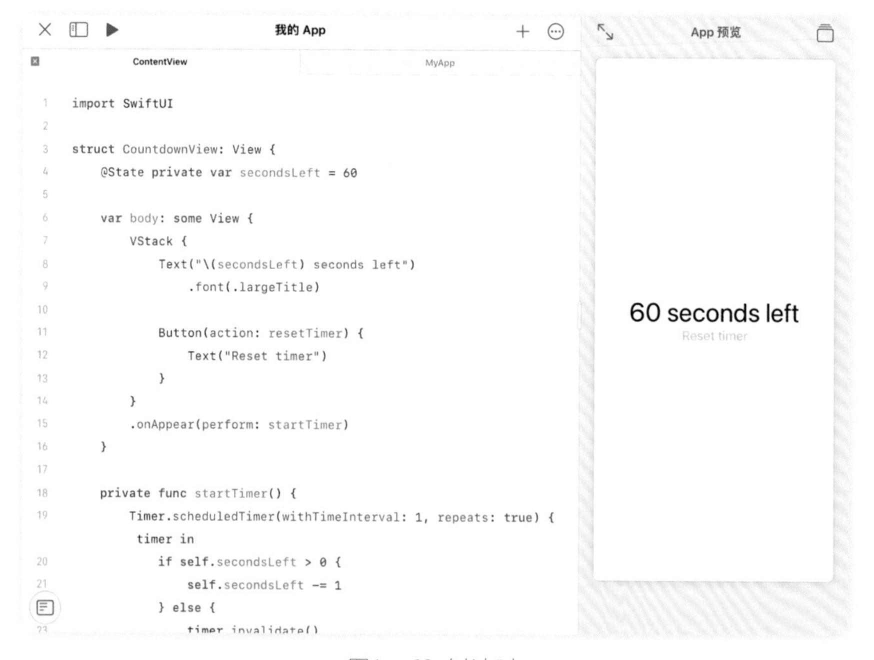

图1　60s倒计时

下面我们来看看这段代码的实现过程。

首先，我们定义了一个名为 CountdownView 的 SwiftUI 视图，该视图使用 @State 修饰符标记了一个名为 secondsLeft 的变量。该变量用于跟踪倒计时的剩余秒数。

接下来，我们实现了 body 属性，该属性返回一个 VStack 视图。该视图包含了显示倒计时剩余秒数的文本，以及一个用于重置倒计时的按钮。

然后，我们使用 onAppear 方法来执行一个名为 startTimer 的函数。该函数用于执行触发倒计时。startTimer 函数使用 Timer 类来创建一个定时器，每秒钟执行一次，并更新 secondsLeft 变量的值。当倒计时结束时，停止运行定时器。

最后，我们定义了一个名为 resetTimer 的函数。该函数用于重置倒计时，将 secondsLeft 变量的值设置为 60。

【挑战】将倒计时界面显示成小时、分钟、秒分开显示的样式。

```
import SwiftUI

struct CountdownView: View {
  @State private var hours = 1
  @State private var minutes = 30
  @State private var seconds = 20

  var body: some View {
    VStack {
      Text("\(hours)h:\(minutes)m:\(seconds)s")
        .font(.largeTitle)

      Button(action: resetTimer) {
        Text("Reset timer")
      }
    }
```

```
      .onAppear(perform: startTimer)
    }

    private func startTimer() {
      Timer.scheduledTimer(withTimeInterval: 1, repeats: true)
  { timer in
        if self.seconds > 0 {
          self.seconds -= 1
        } else if self.minutes > 0 {
          self.minutes -= 1
          self.seconds = 59
        } else if self.hours > 0 {
          self.hours -= 1
          self.minutes = 59
          self.seconds = 59
        } else {
          timer.invalidate()
        }
      }
    }

    private func resetTimer() {
      hours = 0
      minutes = 0
      seconds = 10
    }
  }
```

如图 2 所示，在这段代码中，我们使用了 3 个 @State 变量来跟踪倒计时的小时数、分钟数和秒数。我们还修改了 startTimer 函数，每秒钟在数值上减少 1，并更新小时数、分钟数和秒数的值。当倒计时结束时，停止运行定时器。

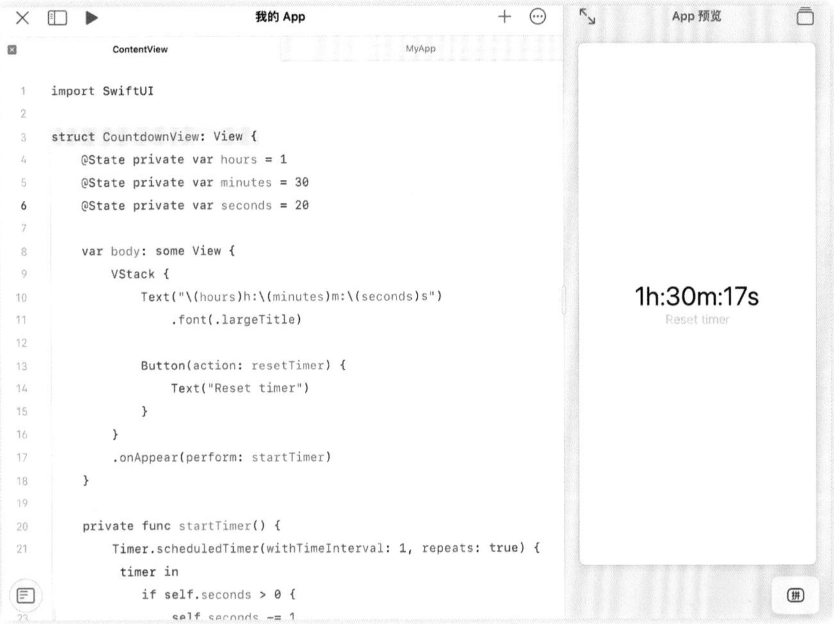

我的 App

App 预览

ContentView   MyApp

```
import SwiftUI

struct CountdownView: View {
    @State private var hours = 1
    @State private var minutes = 30
    @State private var seconds = 20

    var body: some View {
        VStack {
            Text("\(hours)h:\(minutes)m:\(seconds)s")
                .font(.largeTitle)

            Button(action: resetTimer) {
                Text("Reset timer")
            }
        }
        .onAppear(perform: startTimer)
    }

    private func startTimer() {
        Timer.scheduledTimer(withTimeInterval: 1, repeats: true) {
         timer in
            if self.seconds > 0 {
                self.seconds -= 1
```

1h:30m:17s

Reset timer

图2　倒计时更新

【挑战】在此基础上，加上记次的功能，并用列表记录每次剩余的时间（见图3）。

```
import SwiftUI

struct CountdownView: View {
    @State private var hours = 1
    @State private var minutes = 30
    @State private var seconds = 20
    @State private var laps = [String]()

    var body: some View {
        VStack {
            Text("\(hours)h:\(minutes)m:\(seconds)s")
                .font(.largeTitle)
```

```
            Button(action: lap) {
                Text("Lap")
            }

            List(laps, id: \.self) { lap in
                Text(lap)
            }

            Button(action: resetTimer) {
                Text("Reset timer")
            }
        }
        .onAppear(perform: startTimer)
    }

    private func startTimer() {
        Timer.scheduledTimer(withTimeInterval: 1, repeats:
true) { timer in
            if self.seconds > 0 {
                self.seconds -= 1
            } else if self.minutes > 0 {
                self.minutes -= 1
                self.seconds = 59
            } else if self.hours > 0 {
                self.hours -= 1
                self.minutes = 59
                self.seconds = 59
            } else {
                timer.invalidate()
            }
        }
```

```
    }

    private func lap() {
        laps.append("\(hours)h:\(minutes)m:\(seconds)s")
    }

    private func resetTimer() {
        hours = 0
        minutes = 0
        seconds = 10
        laps.removeAll()
    }
}
```

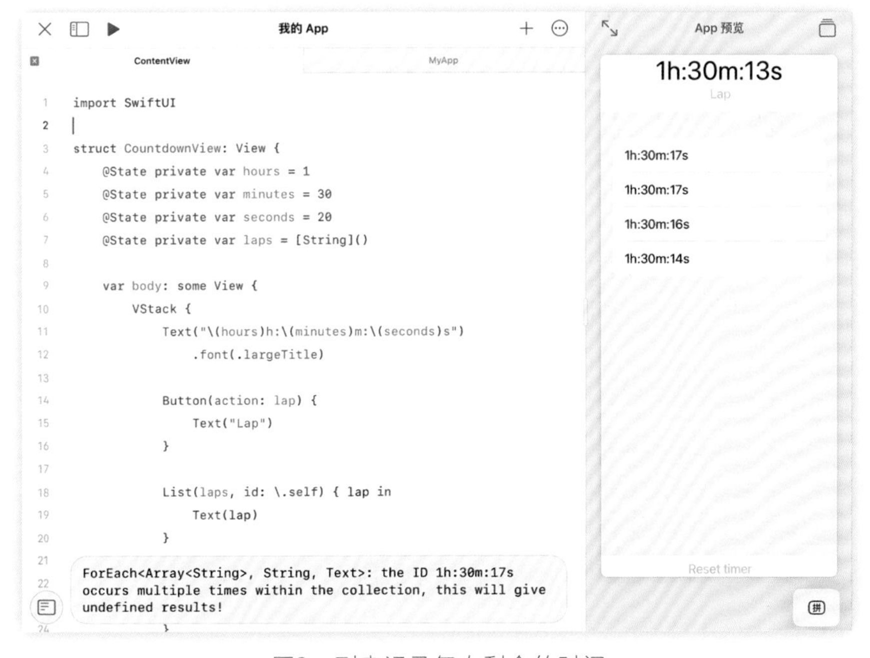

图3　列表记录每次剩余的时间

在这段代码中，我们新增了一个名为 laps 的 @State 变量，用于跟踪每次倒计时的剩余时间；新增了一个按钮，点击该按钮可以记录当前倒计时的剩余时间；还使用了一个 List 视图来显示每次倒计时的剩余时间。

案例：简易天气应用

```
import SwiftUI

struct WeatherView: View {
  @State private var city: String = ""
  @ObservedObject private var weather = WeatherData()

  var body: some View {
    NavigationView {
      VStack {
        TextField("Enter city name", text: $city)
          .padding()

        Button(action: {
          self.weather.fetchWeather(city: self.city)
        }) {
          Text("Get Weather")
        }
        .padding()

        if weather.loading {
          Text("Loading…")
        } else if weather.error ≠ nil {
          Text("Error")
        } else {
```

```
          Text("Temperature: \(weather.temp)")
        }
      }
      .navigationBarTitle("Weather App")
    }
  }
}

class WeatherData: ObservableObject {
  @Published var temp: Double = 0.0
  @Published var loading: Bool = false
  @Published var error: Error?

  func fetchWeather(city: String) {
    // Fetch weather data for the given city
  }
}

struct WeatherView_Previews: PreviewProvider {
  static var previews: some View {
    WeatherView()
  }
}
```

在如图 4 所示的例子中，WeatherView 是一个 SwiftUI 视图，包含一个文本字段和一个按钮，用于输入城市名称并获取该城市的天气数据。WeatherData 是一个被观察对象，包含获取天气数据的方法和存储天气数据的属性。这只是一个简单的示例，你可以添加更多的功能来完善你的天气应用，例如，显示更多的天气信息、添加图片来表示天气状况等。

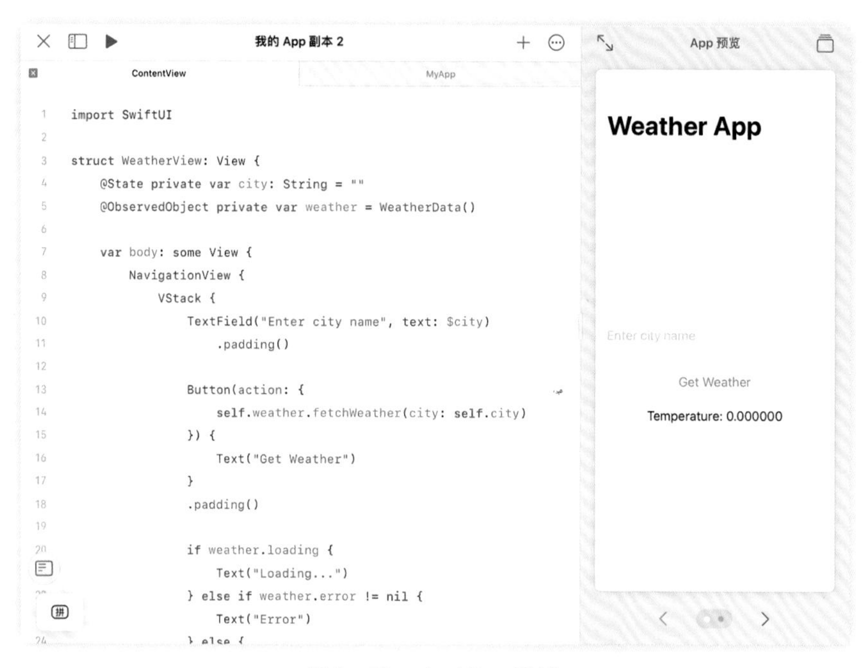

图4　WeatherView示例

【挑战】完成fetchWeather方法的实现，通过全球天气查询的API获取信息。

```
import Foundation

class WeatherData: ObservableObject {
  @Published var temp: Double = 0.0
  @Published var loading: Bool = false
  @Published var error: Error?

  func fetchWeather(city: String) {
    self.loading = true

    let apiKey = “YOUR_API_KEY”
    let urlString = “https://api.openweathermap.org/data/2.5/
```

```
weather?q=\(city)&appid=\(apiKey)&units=metric"
    guard let url = URL(string: urlString) else {
      self.error = NSError(domain: "Invalid URL", code: 0,
userInfo: nil)
      self.loading = false
      return
    }

    URLSession.shared.dataTask(with: url) { (data, response,
error) in
      if let error = error {
        self.error = error
        self.loading = false
        return
      }

      guard let data = data else {
        self.error = NSError(domain: "No data", code: 0,
userInfo: nil)
        self.loading = false
        return
      }

      do {
        let weatherData = try JSONDecoder().
decode(WeatherDataResponse.self, from: data)
        self.temp = weatherData.main.temp
      } catch let jsonError {
        self.error = jsonError
      }
```

```
        self.loading = false
      }.resume()
    }
  }

  struct WeatherDataResponse: Codable {
    let main: Main
  }

  struct Main: Codable {
    let temp: Double
  }
```

在这个示例中，fetchWeather 方法使用 URLSession 发起网络请求并解析 JSON 响应。（注意，你需要替换 YOUR_API_KEY 作为你自己的 API 密钥。）

案例：计算器应用

```
import SwiftUI

struct Calculator: View {
    @State private var currentInput = "0"
    @State private var previousInput = "0"
    @State private var currentOperator = ""

    var body: some View {
        VStack {
            HStack {
                Spacer()
                Text(currentInput)
```

```
                .font(.system(size: 50))
                .foregroundColor(.white)
        }
        .padding()

        ForEach(buttons, id: \.self) { row in
            HStack {
                ForEach(row, id: \.self) { button in
                    Button(action: {
                        self.buttonTapped(button)
                    }) {
                        Text(button)
                            .font(.system(size: 32))
                            .foregroundColor(.white)
                            .frame(width: self.
buttonWidth(), height: self.buttonWidth())
                            .background(Color.gray)
                            .cornerRadius(self.
buttonWidth())
                    }
                }
            }
        }
    }
    .padding(.horizontal)
    .background(Color.black)
}

private func buttonTapped(_ button: String) {
    switch button {
    case "AC":
```

```
            currentInput = "0"
            previousInput = "0"
            currentOperator = ""
        case "+", "-", "×", "÷":
            previousInput = currentInput
            currentInput = "0"
            currentOperator = button
        case "=":
            if let result = calculateResult() {
                currentInput = result
                previousInput = "0"
                currentOperator = ""
            }
        default:
            if currentInput == "0" {
                currentInput = button
            } else {
                currentInput += button
            }
        }
    }

    private func calculateResult() -> String? {
        let n1 = Double(previousInput)
        let n2 = Double(currentInput)

        guard let num1 = n1, let num2 = n2 else {
            return nil
        }

        switch currentOperator {
        case "+":
```

```
            return String(num1 + num2)
        case "-":
            return String(num1 - num2)
        case "×":
            return String(num1 * num2)
        case "÷":
            return String(num1 / num2)
        default:
            return nil
        }
    }

    private func buttonWidth() → CGFloat {
        return (UIScreen.main.bounds.width - 5 * spacing) / 4
    }

    private let spacing: CGFloat = 12

    private let buttons = [
        ["AC", "+/-", "%", "÷"],
        ["7", "8", "9", "×"],
        ["4", "5", "6", "-"],
        ["1", "2", "3", "+"],
        ["0", ".", "="]
    ]
}

struct Calculator_Previews: PreviewProvider {
    static var previews: some View {
        Calculator()
    }
}
```

这个 SwiftUI 计算器应用的代码包含了以下几个部分。运行效果如图 5 所示。

（1）定义了三个状态变量 currentInput、previousInput 和 currentOperator。currentInput 用于保存当前输入的数字，previousInput 用于保存上一次输入的数字，currentOperator 用于保存当前的操作符。

（2）在 body 属性中定义 UI 布局，使用一个垂直堆栈布局（VStack，包含当前输入的数字）和一个水平堆栈布局（HStack，包含所有的按钮）。

（3）定义了一个 buttonTapped(_：) 方法用于处理按钮点击事件，根据不同的按钮更新状态变量的值。

（4）定义了一个 calculateResult() 方法，用于计算两个数字的结果。

（5）定义了一个 buttonWidth() 方法，用于计算按钮的宽度。

（6）定义了一个二维数组 buttons，用于表示所有的按钮。

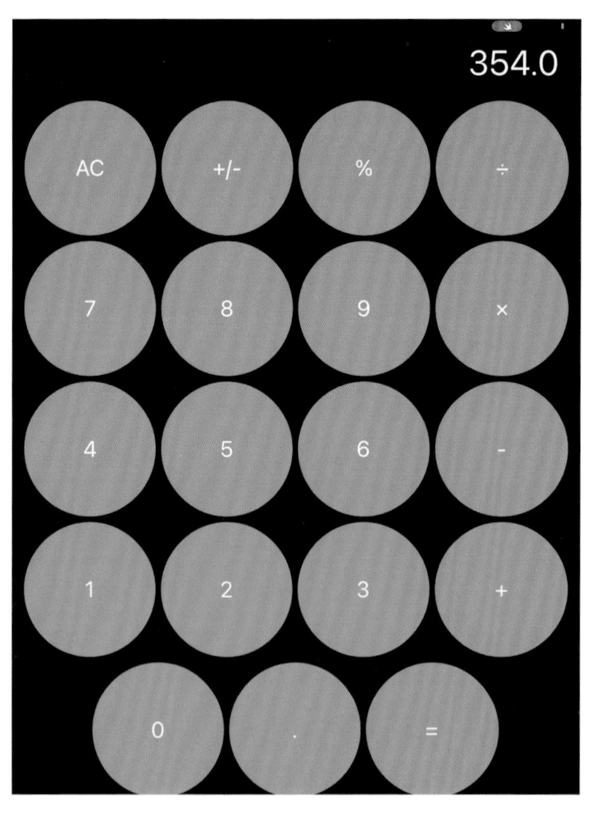

图5　运行效果

示例代码使用了 SwiftUI 的一些基本控件和布局，包括以下内容。

（1）Text：用于显示文本。

（2）Button：用于显示按钮，可以指定点击事件的处理方法。

（3）HStack：用于水平布局，将子视图按水平方向排列。

（4）VStack：用于垂直布局，将子视图按垂直方向排列。

案例：智能生命模拟器

既然计算机能够抽象模拟另一个“虚拟存在”的计算机，那计算机是否有可能模拟人类这样的智能生命呢？计算机还有可能模拟任何其他形式的生命吗？

1970 年，英国数学家约翰·何顿·康威（John Horton Conway）发明了“细胞自动机”（又称“元胞自动机”）。在这个生命游戏（game of life）中（见图 6），对于任意细胞，规则如下。

（1）每个细胞有两种状态，即存活和死亡。每个细胞与以自身为中心的周围八个细胞产生互动。

（2）当前细胞为存活状态时，当周围的存活细胞低于 2 个时（不包含 2 个），该细胞变成死亡状态。（模拟生命数量稀少）。

（3）当前细胞为存活状态时，当周围有 2 个或 3 个存活细胞时，该细胞保持原样。 当前细胞为存活状态时，当周围有超过 3 个存活细胞时，该细胞变成死亡状态。（模拟生命数量过多）。

（4）当前细胞为死亡状态时，当周围有 3 个存活细胞时，该细胞变成存活状态。（模拟繁殖）①

运用这一简单的规则，经过重重迭代推演，能够在格子界面上形成各类不同的图案，有些格子间会形成稳定状态，有些会在几种状态间来回振荡，有些则会向着某个方向不停移动。有时候，全局的生命细胞会突然变得繁盛，而后又瞬间走向凋亡。

元胞自动机是一种经典的算法，它通过迭代计算来模拟生命过程。我们也可以自己动手，用 SwiftUI 来实现一个元胞自动机。

---

① 该部分内容引自：https：//zh.wikipedia.org/zh-cn/ 康威生命游戏。

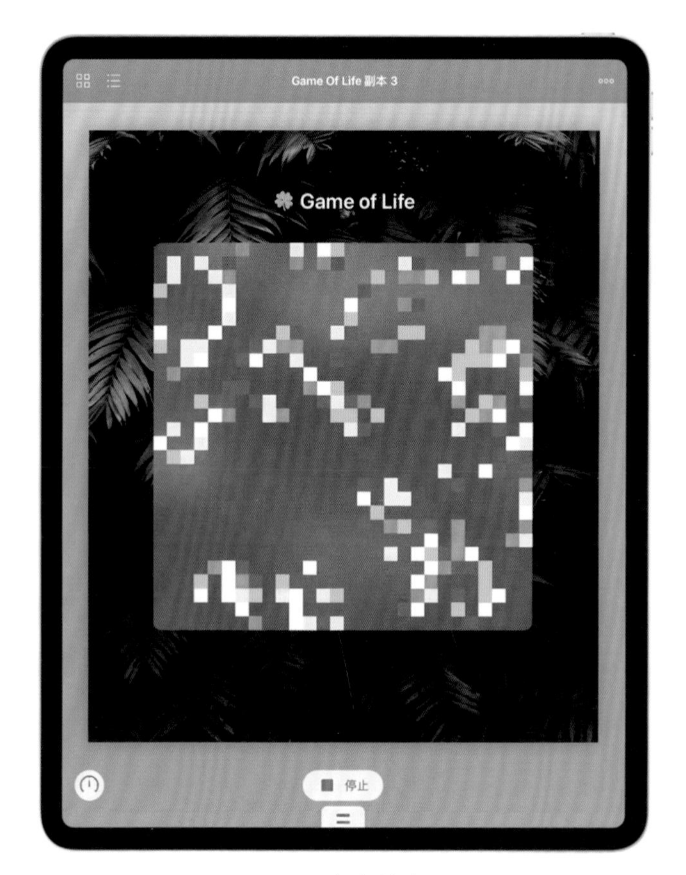

图6　生命游戏

要使用 SwiftUI 实现一个元胞自动机，需要创建一个视图来表示单个细胞，并使用一个二维数组来表示每个细胞的状态。每个细胞的状态有两种形式：活着和死亡。

```
import SwiftUI
import Foundation

struct Cell: View {
    var state: Bool // true for alive, false for dead
    var body: some View {
        if state {
```

```
            return Color.black
        } else {
            return Color.white
        }
    }
}

struct GameOfLife: View {
    @State var cells: [[Bool]] // 2D array representing the
state of each cell
    var body: some View {
        VStack {
            ForEach(0 ..< cells.count, id: \.self) { row in
                HStack {
                    ForEach(0 ..< cells[row].count, id:
\.self) { col in
                        Cell(state: cells[row][col])
                    }
                }
            }
        }
    }
}
```

这段代码定义了两个视图：Cell 和 GameOfLife。Cell 视图表示单个细胞，并使用一个布尔值来表示它是否活着。GameOfLife 视图使用一个二维数组来表示每个细胞的状态，并使用嵌套的 ForEach 循环来遍历数组并创建一个网格状布局，其中每个细胞都由一个 Cell 视图表示。

此外，需要添加一些代码来实现每个细胞的规则，即每个细胞应该活着还是死亡，可以使用如下函数来实现：

```
func shouldLive(row: Int, col: Int) -> Bool {
    let neighbors = getNeighbors(row: row, col: col)
    let liveNeighbors = neighbors.filter { cells[$0.row][$0.
col] }.count
    if cells[row][col] {
        return liveNeighbors == 2 || liveNeighbors == 3
    } else {
        return liveNeighbors == 3
    }
}

func getNeighbors(row: Int, col: Int) -> [(row: Int, col:
Int)] {
    var neighbors: [(row: Int, col: Int)] = []
    for i in row-1...row+1 {
        for j in col-1...col+1 {
            if i >= 0 && i < cells.count && j >= 0 && j <
cells[i].count && !(i == row && j == col) {
                neighbors.append((i, j))
            }
        }
    }
    return neighbors
}
```

shouldLive 函数接收一个细胞的行和列索引，并根据元胞自动机的规则来确定该细胞是否应该活着。

getNeighbors 函数接收一个细胞的行和列索引，并返回一个数组，其中包含该细胞的所有相邻细胞的行和列索引。

接下来，还需要添加一些代码来更新元胞自动机的状态，可以使用如下函数来实现：

```
func updateCells() {
    var newCells = cells
    for i in 0..<cells.count {
        for j in 0..<cells[i].count {
            newCells[i][j] = shouldLive(row: i, col: j)
        }
    }
    cells = newCells
}
```

最后，需要添加一个按钮来控制更新元胞自动机的状态，可以使用如下代码来实现：

```
struct GameOfLife: View {
    @State var cells: [[Bool]] // 2D array representing the
state of each cell
    var body: some View {
        VStack {
            ForEach(0..< cells.count, id: \.self) { row in
                HStack {
                    ForEach(0..< cells[row].count, id:
\.self) { col in
                        Cell(state: cells[row][col])
                    }
                }
            }
            Button(action: updateCells) {
```

```
                Text("Update")
            }
        }
    }
}
```

这个按钮会调用 updateCells 函数，更新元胞自动机的状态。

此外，为了初始化元胞自动机的状态，可以在 GameOfLife 结构体中添加一个初始化方法。这样，每次运行应用程序时，元胞自动机都会被初始化为一组随机状态（见图 7 和图 8）。

```
init() {
        let rows = 10
        let cols = 10
        let randomState = { Bool.random() }
        cells = (0..<rows).map { _ in
            (0..<cols).map({ _ in randomState() })
        }
}
```

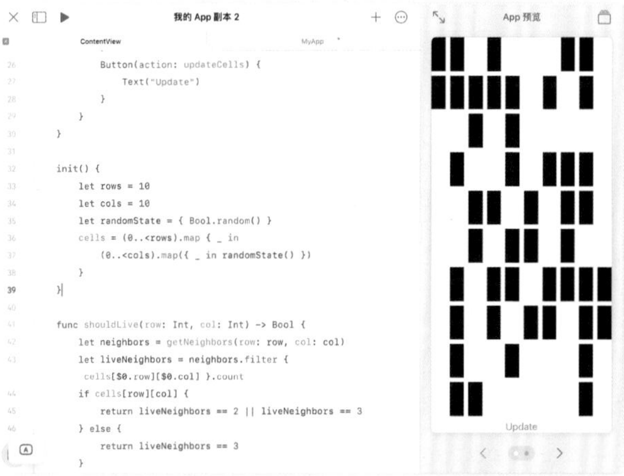

图7　运行结果1

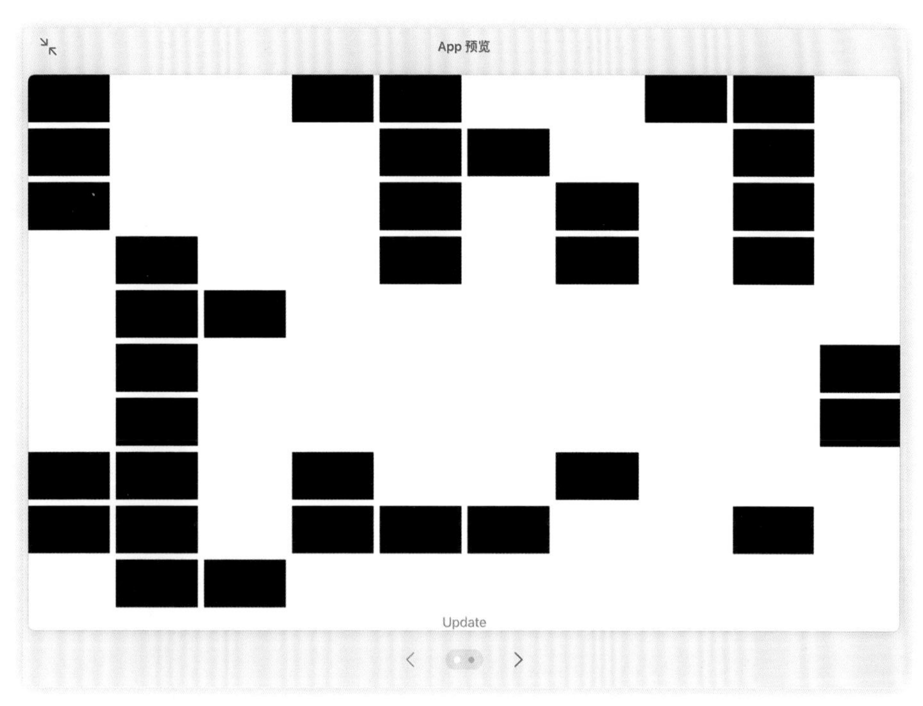

图8　运行结果2

以下是完整的参考代码：

```
import SwiftUI
import Foundation

struct Cell: View {
    var state: Bool // true for alive, false for dead
    var body: some View {
        if state {
            return Color.black
        } else {
            return Color.white
```

```
        }
    }
}

struct GameOfLife: View {
    @State var cells: [[Bool]] // 2D array representing the
state of each cell
    var body: some View {
        VStack {
            ForEach(0 ..< cells.count, id: \.self) { row in
                HStack {
                    ForEach(0 ..< cells[row].count, id:
\.self) { col in
                        Cell(state: cells[row][col])
                    }
                }
            }
            Button(action: updateCells) {
                Text("Update")
            }
        }
    }

    init() {
        let rows = 10
        let cols = 10
        let randomState = { Bool.random() }
        cells = (0..<rows).map { _ in
            (0..<cols).map({ _ in randomState() })
        }
    }
```

```
    func shouldLive(row: Int, col: Int) -> Bool {
        let neighbors = getNeighbors(row: row, col: col)
        let liveNeighbors = neighbors.filter { cells[$0.row]
[$0.col] }.count
        if cells[row][col] {
            return liveNeighbors == 2 || liveNeighbors == 3
        } else {
            return liveNeighbors == 3
        }
    }

    func getNeighbors(row: Int, col: Int) -> [(row: Int,
col: Int)] {
        var neighbors: [(row: Int, col: Int)] = []
        for i in row-1...row+1 {
            for j in col-1...col+1 {
                if i >= 0 && i < cells.count && j >= 0 && j
< cells[i].count && !(i == row && j == col) {
                    neighbors.append((i, j))
                }
            }
        }
        return neighbors
    }

    func updateCells() {
        var newCells = cells
        for i in 0..<cells.count {
            for j in 0..<cells[i].count {
                newCells[i][j] = shouldLive(row: i, col: j)
```

```
                }
            }
            cells = newCells
        }
    }


    struct GameOfLife_Previews: PreviewProvider {
        static var previews: some View {
            GameOfLife()
        }
    }
```

我们还可以进一步对其做一些视觉上的设计和美化，比如将格子改为圆角矩形，将方块的颜色改为彩色。

为了使格子变成圆角矩形，可以使用 SwiftUI 的 RoundedRectangle 类型来替换原来的黑白方块。例如，可以如下更新 Cell 结构体。

```
struct Cell: View {
    var state: Bool // true for alive, false for dead
    var body: some View {
        if state {
            return RoundedRectangle(cornerRadius: 8.0)
                .fill(Color.red)
        } else {
            return RoundedRectangle(cornerRadius: 8.0)
                .fill(Color.gray)
        }
    }
}
```

这样，每个细胞就会变成一个圆角矩形，而且活着的细胞会变成红色，而死亡的细胞会变成灰色。

同时，我们也可以尝试用更不同的颜色填充画面中不同的“细胞”，如 SwiftUI 中的渐变色——LinearGradient。

我们可以看到，通过设定不同的初始参数，随着时间的演变，程序能够产生形式多种多样、内容丰富多彩的结果，画面中的图案也时而庞杂，时而规整，时而稳定，时而脆弱。这些美丽的图案也深深吸引着早期研究人工生命理论的科学家和计算机专家。这就好比“蝴蝶效应”——一只蝴蝶轻轻地扇动翅膀，可能最终引发一场飓风。这种现象是复杂科学研究的一部分，它揭示了如何从简单的规则中产生复杂的行为。这种复杂性的出现，可能与生命本身的形成和发展有着深刻的联系。

但是，如何判断一个复杂的现象是否是一个能够与人互动的“智慧生命体”呢？如果我们无法解读由程序生成的复杂信息，那么这种所谓的“智能”可能只是存在于我们无法触及的“另一个世界”中。这让我们不禁思考：什么是真正的智能？什么是真正有用的信息？

案例：卡牌游戏

计算机游戏在过去的几十年中发展迅速，现已成为全球最受欢迎的娱乐形式之一，也被称作“第九艺术”。计算机游戏业务也随之迅速发展，催生了一个巨大的市场。

计算机游戏的历史可以追溯到 20 世纪 50 年代末期。由于当时计算机只能用于科学研究或军事目的，所以当时的游戏大多是用来演示计算机的性能的，不能算是真正意义上的游戏。

20 世纪 60 年代初，美国国家核能研究所的科学家约翰·凯梅尼（John Kemeny）开发了一款在计算机游戏史中占有一席之地的游戏《猜数字》（Guess the Number）。这款游戏可以通过输入数字让计算机猜测玩家所想的数字。

随后，计算机游戏发展迅速，许多新游戏出现了，包括第一款用控制台操作的游戏《沃尔夫斯基迷宫》（1962 年）、第一款经典的射击游戏《空战》（1962 年）。

随着计算机技术的进步，一方面，计算机游戏的质量得到了显著提升。1971年，美国摩托罗拉公司推出了第一款个人计算机——Altair 8800，这也标志着个人计算机时代的到来。随后，许多新的计算机游戏出现，其中包括第一款图像游戏《迷宫》（1972年）。另一方面，计算机游戏不断演化。自20世纪80年代起，个人计算机逐渐普及，从而使得计算机游戏的发展进一步加速。这一时期出现了许多经典的计算机游戏，比如《塞尔达传说》（1986年）、《超级玛丽》（1985年）和《街头霸王》（1987年）。

到了20世纪90年代，则出现了许多新的计算机游戏类型，比如角色扮演游戏和策略游戏，同时也出现了许多新的游戏平台，比如游戏机和掌上电脑。

之后随着互联网的普及，计算机游戏也开始出现网络版本。这使得玩家可以通过互联网与其他玩家一起玩游戏，自此，计算机游戏演变成一种社交活动。

现在，计算机游戏已经成为全球最受欢迎的娱乐形式之一。每年全球计算机游戏市场的规模都在不断扩大，越来越多的人参与其中。

制作计算机游戏的过程被称为计算机游戏设计。

计算机游戏设计过程通常包括以下几个步骤。

游戏策划：在这个阶段，设计师会讨论游戏的故事背景、角色设计、游戏玩法和目标等内容。

游戏设计：在这个阶段，设计师会设计游戏的场景、角色、道具和游戏规则等内容。

程序设计：在这个阶段，程序员会使用计算机编程语言为游戏编写代码。

游戏测试：在这个阶段，测试人员会对游戏进行测试，确保游戏能够正常运行并且没有任何问题。

游戏发布：在这个阶段，游戏开发商会将游戏发布到市场上。

案例：用 SwiftUI 实现的记忆翻牌游戏

我们需要创建一个 ContentView 结构体来表示应用的主界面。ContentView 结构体中包含一个 game 属性（表示游戏的状态）。

```
struct ContentView: View {
  @ObservedObject var game: Game

  var body: some View {
      Grid(game.cards) { card in
          CardView(card: card).onTapGesture {
              self.game.choose(card: card)
          }
      }
  }
}
```

接下来，我们需要创建一个 CardView 结构体，表示卡片的视图。CardView 结构体包含一个 card 属性（表示要显示的卡片）。

```
struct Card: Hashable {
  var isMatched = false
  var isFaceUp = false
  var id: Int
}

class Game {
  var cards: Array<Card>
  var indexOfTheOneAndOnlyFaceUpCard: Int?
  init(numberOfPairsOfCards: Int) {
      cards = Array<Card>()
      for pairIndex in 0..< numberOfPairsOfCards {
          let card = Card(id: pairIndex)
          cards += [card, card]
      }
```

```
        cards.shuffle()
    }

    func choose(card: Card) {
        if let chosenIndex = cards.firstIndex(matching: card),
!cards[chosenIndex].isFaceUp, !cards[chosenIndex].isMatched
{
            if let potentialMatchIndex =
indexOfTheOneAndOnlyFaceUpCard {
                if cards[chosenIndex].id ==
cards[potentialMatchIndex].id {
                    cards[chosenIndex].isMatched = true
                    cards[potentialMatchIndex].isMatched =
true
                }
                self.cards[chosenIndex].isFaceUp = true
            } else {
                indexOfTheOneAndOnlyFaceUpCard = chosenIndex
            }
        }
    }
}

struct CardView: View {
    var card: Card
    var body: some View {
            GeometryReader { geometry in
          self.body(for: geometry.size)
            }
    }
```

```
  @ViewBuilder
  private func body(for size: CGSize) → some View {
      if card.isFaceUp || !card.isMatched {
          ZStack {
              Group {
                  if card.isMatched {
                      RoundedRectangle(cornerRadius: 10.0).
fill(Color.green)
                  } else {
                      RoundedRectangle(cornerRadius: 10.0).
fill()
                  }
              }
              .frame(width: size.width, height: size.height)
              Text(String(card.id))
                  .font(Font.system(size: min(size.width,
size.height) * 0.75))
          }
      } else {
          RoundedRectangle(cornerRadius: 10.0).fill()
      }
    }
}
```

（本书中所有动漫插图均利用 AIGC 生成。）

附　录

附录A　Swift编程实用工具与资源

在学习 Swift 编程的过程中，可以使用一些实用工具与资源来帮助你提高学习效率。本附录将介绍一些常用的 Swift 编程实用工具与资源，以帮助你更好地学习和掌握 Swift 编程。

在线编程环境

Swift Playgrounds：一款可在 iPad 和 Mac 上使用的互动式编程环境，适合儿童和初学者学习 Swift 编程。

repl.it：一个在线的代码编辑器，支持 Swift 以及其他多种编程语言，可以在浏览器中直接编写、运行和分享代码。

IBM Swift Sandbox：IBM 提供的在线 Swift 编程环境，可以在浏览器中编写和运行 Swift 代码。

编辑器与集成开发环境

Xcode：苹果公司官方的集成开发环境，内置 Swift 编译器和一系列开发工具，是开发 iOS、macOS、watchOS 和 tvOS 应用的首选工具。

Visual Studio Code：一款开源的、轻量级的代码编辑器，支持 Swift 及其他多种编程语言。通过安装 Swift 相关插件，可以实现代码高亮、自动补全等功能。

AppCode：JetBrains 推出的专为 Swift 和 Objective-C 开发者设计的智能 IDE，提供代码分析、实时更新等功能。

学习资源

Swift 官方文档：苹果公司官方提供的 Swift 语言指南，详细介绍了 Swift 的语法、特性和使用方法。

Swift.org：Swift 开源社区的官方网站，提供 Swift 编程语言的相关信息、教程、博客和资源。

Hacking with Swift：一系列 Swift 编程教程，覆盖了基础知识、UI 设计、编程技巧等方面的内容。

Ray Wenderlich：一个知名的 iOS 开发教程网站，提供了大量 Swift 编程相关的文章和视频教程。

Codecademy：一个在线编程学习平台，提供了 Swift 编程入门课程，适合初学者。

Apple Developer：苹果公司官方的开发者资源网站，提供了大量 Swift 和 iOS 开发相关的文档、教程和示例代码。

附录B　科技名人堂

谈到计算机科技名人堂，有许多杰出的人物值得提及。以下列出部分值得一提的计算机科技名人。

古代计算机科技名人

亚历山大大帝（Alexander the Great）：古希腊征服者和统治者，他的军事策略和组织能力启发了许多现代计算机科学家。

查尔斯·巴贝奇（Charles Babbage）：英国数学家，现代计算机的先驱之一，设计了一种被称为差分机和分析机的机械计算机。

现代计算机科技名人

艾伦·图灵（Alan Turing）：英国数学家、逻辑学家和密码学家，计算机科学的奠基人之一，开发了图灵机，在二战期间破解了德国的密码系统。

史蒂夫·乔布斯（Steve Jobs）：美国计算机工程师和企业家，苹果公司的联合创始人之一，对计算机硬件和软件的发展做出了重要贡献。

比尔·盖茨（Bill Gates）：美国计算机程序员和企业家，微软公司的联合创始人之一，对计算机软件的发展做出了重要贡献。

约翰·冯·诺依曼（John von Neumann）：匈牙利数学家和物理学家，计算机科学的奠基人之一，设计了一种被称为冯·诺依曼体系结构的计算机结构。

艾伯特·爱因斯坦（Albert Einstein）：德国理论物理学家，对计算机科学的发展，特别是在相对论和量子力学方面，做出了重要贡献。

格雷斯·赫柏（Grace Hopper）：美国计算机科学家和海军军官，计算机编程语言 COBOL 的主要开发者之一，对计算机科学的发展做出了重要贡献。

蒂姆·伯纳斯－李（Tim Berners-Lee）：英国计算机科学家和发明家，万维网的发明者之一，对互联网的发展做出了重要贡献。

奥古斯塔·爱达·拜伦（Augusta Ada Byron）：英国数学家和计算机科学家，计算机程序设计的先驱之一，对计算机科学的发展做出了重要贡献。

李开复：中国计算机科学家和企业家，谷歌中国的首席执行官和微软中国的副总裁，对人工智能和计算机科学的发展做出了重要贡献。

艾伦·凯（Allen Kay）：美国计算机科学家、Smalltalk 编程语言和图形用户界面的发明者之一，对现代计算机科学的发展做出了重要贡献。

托马斯·库恩（Thomas Kuhn）：美国科学哲学家，著作《科学革命的结构》（*The Structure of Scientific Revolutions*）对科学研究方法和科学理论的演化有深刻的影响，他对现代计算机科学的哲学基础和理论研究做出了重要贡献。

约翰·霍普菲尔德（John Hopfield）：美国物理学家和神经科学家，探索了神经网络的概念和应用，对现代计算机科学和人工智能的发展做出了重要贡献。

格雷戈里·查特（Gregory Chaitin）：阿根廷数学家、计算机科学家，探索了信息理论、复杂性理论和计算可达性，对现代计算机科学和理论研究做出了重要贡献。

杰夫·霍金斯（Jeff Hawkins）：美国计算机科学家、企业家，PalmPilot 和 Treo 智能手机的发明者之一，对移动计算和智能设备的发展做出了重要贡献。

索菲娅·瓦列夫斯卡娅（Sophia Kovalevsky）：俄罗斯数学家，世界上第一位获得数学学科博士学位的女性，也是世界历史上第一位获得科学院院士的女科学家，对现代计算机科学和数学研究做出了重要贡献。

莫利斯·威尔克斯（Maurice Wilkes）：英国计算机科学家、工程师，

EDSAC 计算机的设计者之一，对现代计算机科学和计算机硬件的发展做出了重要贡献。

尼古拉斯·布尔巴基（Nicolas Bourbaki）：一群数学家的统称，他们在现代数学的许多分支上做出了重要贡献，对现代计算机科学和数学研究做出了重要贡献。

费德里克·布鲁克斯（Frederick Brooks）：美国计算机科学家、软件工程专家，著有《人月神话》（*The Mythical Man-Month*）一书，成为软件工程领域的经典之作，对现代计算机科学和软件开发做出了重要贡献。

伊凡·萨瑟兰（Ivan Sutherland）：美国计算机科学家、工程师，计算机图形学和虚拟现实技术的奠基人之一，对虚拟现实技术和计算机科学的发展做出了重要贡献。

约翰·麦卡锡（John McCarthy）：美国计算机科学家、人工智能专家，Lisp 编程语言和人工智能领域的先驱之一，对人工智能和计算机科学的发展做出了重要贡献。

吴恩达：华裔美国计算机科学家、人工智能专家，深度学习领域的重要人物之一，对人工智能和计算机科学的发展做出了重要贡献。

丹尼斯·里奇（Dennis Ritchie）：美国计算机科学家、工程师，UNIX 操作系统和 C 语言的开发者之一，对计算机科学和软件开发做出了重要贡献。

凯瑟琳·布斯（Kathleen Booth）：英国计算机科学家、工程师，世界上第一个可编程的计算机程序 ASAP 自动编程系统的开发者之一，对现代计算机科学和软件开发做出了重要贡献。